에이크만이 들려주는 영양소 이야기

에이크만이 들려주는 영양소 이야기

ⓒ 최미다, 2010

초　판　1쇄 발행일 | 2006년 5월 22일
개정판　1쇄 발행일 | 2010년 9월 1일
개정판 13쇄 발행일 | 2021년 5월 31일

지은이 | 최미다
펴낸이 | 정은영
펴낸곳 | (주)자음과모음

출판등록 | 2001년 11월 28일 제2001-000259호
주　　소 | 04047 서울시 마포구 양화로6길 49
전　　화 | 편집부 (02)324-2347, 경영지원부 (02)325-6047
팩　　스 | 편집부 (02)324-2348, 경영지원부 (02)2648-1311
e-mail | jamoteen@jamobook.com

ISBN 978-89-544-2086-0 (44400)

에이크만이 들려주는

# 영양소 이야기

| 최미다 지음 |

주|자음과모음

# 에이크만을 꿈꾸는 청소년을 위한
# '영양소' 이야기

최근 건강과 웰빙에 대한 관심이 높아지고 있습니다. 그러나 대부분의 사람들은 정작 음식이나 식품 속에 들어 있는 영양소에 대해서는 자세히 알지 못합니다.

사람은 살아가면서 누구나 한 번쯤은 질병에 걸려 아프고 고통스러운 경험을 하게 됩니다. 질병의 원인과 치료법이 밝혀져서 원인을 제거하고 적절한 치료를 하면 건강이 회복되는 단순한 질병도 있지만, 원인을 알아도 정확한 치료법을 모르는 경우도 많습니다. 이러한 질병과 건강에 대한 문제는 우리가 평소에 섭취하는 음식물과 많은 관련이 있습니다.

허기를 면하는 것이 가장 우선이던 시절에서 벗어나 이제는 저마다 개인의 몸에 맞게 관리하는 '맞춤 영양 시대'가 되었습니다. 분명 경제적인 발전으로 우리가 먹는 음식의 질도 높아지고 그 양도 풍성해졌으나 정작 영양소나 그것이 미치는 생체 작용에 대한 구체적인 지식은 그에 미치지 못하고 있습니다.

근래에 특히 문제가 되는 것은 영양소에 대한 지식 부족으로 발생하는 불균형한 영양 섭취입니다. 어려서부터 형성되는 잘못된 식습관은 각종 질병의 원인이 됩니다. 따라서 많은 사람들이 영양소에 대해 정확히 알고 올바른 식습관을 가져 건강하게 살 수 있기를 바랍니다.

사람은 모태에서 수정된 순간부터 수명이 다할 때까지 음식을 통해서 영양소를 섭취해야만 신체적·정신적으로 성장하고 발달하며 건강을 유지할 수 있습니다.

부디 이 책을 통해 6대 영양소에 대해 바르게 앎으로써 우리 청소년들이 건강에 대해 관심을 갖고 행복한 삶을 살아가는 데 도움이 되었으면 하는 바람입니다.

끝으로 이 책을 쓸 수 있도록 힘이 되어 준 가족과 책이 나오기까지 도움을 준 (주)자음과모음에 감사드립니다.

최 미 다

# 차례

# 영양소란 무엇일까요?

영양소는 우리 몸의 성장을 촉진하고 필요한 에너지를 공급하는 물질입니다.
우리 몸이 좋아하는 영양소에 대해 알아봅시다.

# 1

## 영양소란 무엇일까요?

에이크만이 자신을 소개하며
첫 번째 수업을 시작했다.


안녕하세요? 나는 네덜란드의 생리학자이자 영양학자인 에이크만이라고 합니다. 나는 1896년에 닭에게 흰쌀을 먹여 사육하면 각기 증상이 생기지만, 흰쌀에 겨를 섞거나 현미를 주면 그 증상이 가벼워진다는 사실을 알아냈어요.

그 후 나는 여러 명의 사람을 2개 조로 나누어 한 조에는 흰쌀 위주의 식사를 주고, 다른 조에는 현미 위주의 식사를 주었습니다. 그리고 일정한 기간이 지난 다음 2개 조를 비교하는 실험을 하였습니다.

각 조 사람들의 영양 상태와 건강 상태를 살펴본 결과 닭의 경우와 마찬가지였어요. 즉, 현미 식사를 한 조에 비해 흰쌀 식사를 한 조에서 각기병이 많이 발생한다는 것을 알아냈습니다. 그것이 비타민 $B_1$을 발견하는 단서가 되었고, 그 업적을 인정받아 노벨 생리·의학상을 수상하였습니다.

이제부터 내가 여러분에게 영양소에 대해 자세히 설명해 줄 것입니다.

그때 한 학생이 손을 들고 질문했다.

__선생님께서 말씀하신 것 중에 각기병이란 것이 무엇인지 알고 싶어요.

각기병이란 비타민 $B_1$의 부족으로 인해 생기는 영양 결핍 질병입니다. 각기병은 쌀을 주식으로 하는 사람들에게 많이 발생해요. 각기의 증상은 다리가 부어오르고 심장이 커지며, 무릎 반사가 잘 안 되어서 운동 마비가 됩니다. 또, 증세가 악화되면 심장이 안 좋아져서 사망에 이를 수도 있습니다. 요즘에는 영양 상태가 좋아져서 심각한 각기 증세는 거의 볼 수 없지만, 각기의 예비 증상은 나타나지요.

__어떤 증상인데요?

먼저 온몸이 나른합니다. 다리가 무겁고 다리의 끝부분이 자주 저리지요. 또, 숨이 차고 가슴에 압박감을 느끼며, 속이 메스껍고 구토증이 나기도 합니다.

자, 그럼 이제부터 영양소에 대해 더 자세히 공부해 볼까요?

영양소란 음식물에서 얻어지는 특정의 화학 성분으로, 음식물 속의 영양소 중 몇몇 종류는 체내에서 합성되기도 하지만, 근본적으로는 외부에서 섭취해야 합니다.

정상적인 몸의 조직을 유지하기 위해서 세포는 끊임없이 만들어지고 대체되어져야 하는데, 그러한 활동을 돕는 힘이 바로 영양소입니다. 영양소는 몸에 힘을 내게 하는 에너지를 주기도 하고 몸의 생체 기능을 조절하기도 합니다.

사람이 정상적으로 성장하고 건강을 유지하기 위해 필요한 영양소는 현재까지 밝혀진 것에 의하면 50개 정도가 있답니다. 이들은 크게 6대 영양소로 나누어지며, 6대 영양소는 탄수화물, 단백질, 지방, 무기질, 비타민, 물을 말합니다.

지금부터 이 6대 영양소에 대해 본격적으로 공부해 보도록 하지요.

우리가 섭취하는 음식물은 수십 내지 수백 개의 다양한 물질로 구성되어 있어요. 이들은 전자 현미경으로 보아야 될 정도로 매우 작은 물질이랍니다.

예를 들어 봅시다. 여러분은 시금치를 잘 먹나요?

＿전 시금치를 싫어해요.

＿저는 시금치보다는 삼겹살 구이, 아이스크림, 피자, 햄버거 같은 음식들이 좋아요.

어허, 그런 것만 먹으면 혈관에 노폐물이 쌓여서 나중에는 혈관이 막힐 수가 있어요.

다시 말하면 피가 혈관을 매끄럽게 잘 지나가야 하는데, 찌꺼기가 혈관 벽에 붙어 있어서 혈관 벽이 좁아지면 혈액이 순환을 못하게 되지요. 그래서 시금치와 같은 녹황색 채소를 먹어 줘야 몸이 즐거워한답니다.

그러면 초록색 시금치에는 어떤 영양소가 들어 있을까요? 시금치를 먹으면 뽀빠이 아저씨처럼 정말로 힘이 솟구칠까요?

결론부터 말하자면 시금치에는 열량을 내는 영양소가 아주

시금치에는 열량을 내는 영양소는 없지만, 우리 몸의 대사 작용에 도움이 되는 조절 영양소가 있어요!

적기 때문에 시금치를 먹고 나서 힘과 에너지가 바로 생기는 것은 아니에요. 그러나 조절 영양소가 들어 있어서 몸의 대사 작용에 매우 유용하지요.

시금치에는 95%의 물과 그 밖에 탄수화물, 단백질, 지방, 무기질, 비타민 등의 영양소, 또 영양소가 아닌 색소가 들어 있지요. 그중 대표적인 영양소로는 무기질인 칼륨과 비타민 A를 들 수 있답니다.

시금치의 열량은 19kcal 정도밖에 안 돼요. 탄수화물, 단백질, 지방의 함량이 적기 때문이지요. 그러니 힘이 솟구치게 하기보다는 신체 대사 작용을 도와주는 역할을 하는 거지요.

__칼륨? 비타민 A? 그런 것이 다 뭐예요? 시금치 안에 뭐 그리 어려운 것들이 들어 있나요?

음, 우선 칼륨은 무기질 영양소이고, 비타민 A는 비타민 영양소입니다.

우리의 몸은 대부분 영양소로 구성되어 있는데, 일부는 몸 안에서 생산되기도 합니다. 그러나 그것만으로는 충분하지가 않아요. 그래서 반드시 음식을 통해 몸이 필요로 하는 영양소를 섭취해야만 합니다.

섭취된 물질들은 우리에게 힘을 주고 성장하도록 도와주는 열량 영양소와, 몸의 조직을 만들고 세포에 영양을 주기도 하며 몸의 대사를 조절해 주는 조절 영양소로 나눌 수 있어요.

열량 영양소에는 탄수화물, 단백질, 지방이 속합니다. 이들은 우리 몸에 힘과 에너지를 만들어 줍니다.

조절 영양소에 해당하는 것은 비타민과 무기질입니다. 이들은 에너지 대사와 신체 대사 과정을 도와주는 중요한 영양소랍니다.

이런 영양소는 우리 몸에 적당히 들어가면 건강을 유지하게 하지만, 너무 많이 들어가서 몸에 무리를 주면 생활 습관병이 생기기도 하고 암이 생기는 원인이 되기도 합니다. 생활 습관병이란 나쁜 생활 습관으로 인해 생기는 질병으로, 비만이 원인이 되어 생기는 당뇨병부터 심장 관련 질병, 혈관이 막혀서 생기는 병과 고혈압 등의 각종 성인병을 말합니다.

그런데 문제가 되는 것은 근래 들어 이런 생활 습관병이 발생하는 연령이 점차 낮아진다는 것이지요. 그러니 어려서부터 영양소에 관심을 갖고 식습관에 주의하면서 건강을 지켜야겠죠?

__담임 선생님께서 저에게 칼로리를 줄이고 운동을 하라고 말씀하셨어요. 박사님, 그런데 칼로리가 뭐예요? 제가 하루에 얼마만큼 먹는 것이 적당한지 어떻게 알 수 있나요?

하하, 내가 보기에도 학생은 칼로리 조절이 필요할 것 같군요. 이 문제에 대해서는 다음 수업에서 자세하게 이야기해 봅시다.

우리 햄버거 먹을까?

좋지, 매일 먹는 거지만 너무 맛있어.

그런 인스턴트 음식만 먹으면 영양 공급이 원활하지 않아요.

영양소는 우리 몸 안에서 알아서 만들어지지 않나요?

일부는 몸 안에서 생산되지만 그것만으로는 충분하지 않죠. 반드시 음식을 통해 몸에 필요한 영양소를 섭취해야만 해요.

우리는 음식을 통해 섭취 해야하 하는 영양소

그러면 섭취한 음식들은 우리 몸에서 어떤 영양소로 바뀌나요?

우리에게 힘을 주고 성장하도록 도와주는 '열량 영양소'와 몸의 대사를 조절해 주는 '조절 영양소'로 나눌 수 있어요.

열량 영양소 = 힘과 성장
조절 영양소 = 대사 조절

열량 영양소에는 어떤 것이 있나요?

탄수화물, 단백질, 지방이 있어요. 이들은 우리 몸에 힘과 에너지를 만들어 줘요.

열량 영양소 =
탄소화물, 단백질, 지방

조절 영양소에 해당하는 것은요?

비타민과 무기질이 있어요. 이들은 에너지 대사와 신체 대사 과정을 도와주는 중요한 영양소예요.

조절 영양소 =
비타민과 무기질

이런 영양소가 적당히 우리 몸에 들어가야 건강을 유지할 수 있지요.

앞으로는 영양소에 관심을 가지고 식습관에 주의할게요.

저도요.

# 2

# 칼로리 이야기

식품의 영양가를 열량으로 환산하여 나타낸 단위를 칼로리라고 합니다.
우리 몸에 필요한 적당한 칼로리에 대해 알아봅시다.

# 2

# 칼로리 이야기

에이크만이
다이어트에 대한 이야기로
두 번째 수업을 시작했다.

요즘 사람들은 다이어트에 대해 관심이 많지요?

__네, 선생님. 저도 다이어트가 필요해요. 어떻게 하면 좋을까요?

체중은 가장 최근의 영양 상태를 나타내기 때문에 체중 조절에 대한 연구는 매우 중요해졌어요. 비만은 이제 건강을 해치는 위험 요소 정도가 아니라 치료해야 할 질병으로 여겨진답니다. 그러나 어떤 사람들은 무리한 다이어트로 저체중 현상을 보이는데, 이것은 위장 장애나 빈혈 등의 부작용을 일으켜 건강에 매우 해롭습니다.

흔히들 '다이어트'하면 일단 음식을 조금 먹는 방법으로 칼로리를 줄여서 살을 빼는 거라고 생각합니다.

칼로리가 무엇이냐고요? 칼로리는 열량의 크기를 나타내는 단위입니다. 1칼로리(kcal)는 1기압에서 1kg의 물의 온도를 15.5℃에서 16.5℃로, 즉 1℃ 올리는 데 필요한 열량이지요.

먼저 나의 에너지 소비량을 측정하여 내 몸에 필요한 칼로리를 알고, 식품을 연소시켜서 얻은 칼로리를 계산한다면, 어떤 식품들을 얼마만큼 먹어야 나에게 맞는지를 알 수 있지요.

그렇다면 식품의 칼로리에 대해 알아볼까요?

예를 들어 감자 130g, 크기로 따지면 큰 것 1개 정도에는 단백질 약 3.6g과 탄수화물 약 18.7g이 들어 있답니다. 이 감자의 칼로리는 약 85.8kcal예요.

＿식품의 칼로리는 어떻게 알 수 있나요?

폭발 열량계(bomb calorimeter)를 사용하여 식품에서 발생되는 열량을 직접 측정할 수 있습니다.

폭발 열량계의 측정 원리는 주변이 물로 둘러싸인 작은 통 안에 무게를 아는 식품의 일정량을 넣고, 태우는 과정에서 나오는 열이 통을 둘러싸고 있는 물의 온도를 몇 ℃나 올리는지 측정해 봄으로써 식품의 열량을 알아내는 것입니다.

폭발 열량계에서 영양소는 단시간에 완전 연소가 일어납니다. 그러나 신체 내에서는 폭발 열량계에서 연소되는 것처럼 이들 영양소가 함유하고 있는 잠재 열량이 전부 연소되지는 못합니다. 그 이유는 생리적으로 소장에서 완전한 소화와 흡수가 이루어지지 않고, 또 단백질의 경우 단백질 영양소에 들어 있는 원소 중 질소가 신체 내에서 연소되지 않기 때문입니다. 따라서 체내의 칼로리 값은 폭발 열량계보다 다소 떨어집니다.

앞에서 이야기한 감자의 열량도 폭발 열량계에 넣어서 측정한 것이랍니다.

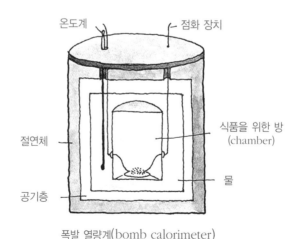

폭발 열량계(bomb calorimeter)

이렇게 식품들을 하나하나 분석하여 각 영양소의 양을 기록한 것이 식품 분석표입니다. 예를 들어, 돼지고기 삼겹살과 쇠고기 안심살의 식품 분석표를 비교해 볼까요?

| 식품 \ 영양소 | 분량 (g) | 에너지 (kcal) | 단백질 (g) | 지방 (g) | 탄수화물 (g) | 비타민 A (R.E) | 비타민 B₁ (mg) |
|---|---|---|---|---|---|---|---|
| 쇠고기 안심살 | 60 | 88.8 | 12.5 | 3.8 | 0.12 | 7.2 | 0.05 |
| 돼지고기 삼겹살 | 60 | 198.6 | 10.3 | 17 | 0.18 | 3.6 | 0.41 |

위의 표는 쇠고기 안심살과 돼지고기 삼겹살의 60g에 대한 영양소 분석표입니다. 칼로리는 삼겹살이 안심살에 비해 2배 정도 많고, 지방은 삼겹살이 5배가량 많습니다. 비타민 A는 쇠고기에 더 많고, 비타민 B₁(티아민)은 돼지고기에 많은 것을 알 수 있습니다.

또 다른 식품의 에너지 함량을 비교해 봅시다.

우유, 단감, 감자튀김, 돈가스는 각각 어느 정도의 칼로리를 우리 몸에 공급할까요? 이 4가지 식품에 들어 있는 물, 탄수화물, 단백질 및 지방의 함량을 비교해 보면 에너지 함량의 차이가 어디서 오는지를 알 수 있어요.

우유나 단감은 감자튀김과 돈가스에 비해 수분 함량이 높고 열량 영양소의 함량이 낮아 칼로리가 적어요.

| 영양소<br>식품 | 분량<br>(g) | 에너지<br>(kcal) | 수분<br>(%) | 단백질<br>(g) | 지질<br>(g) | 당질<br>(g) |
|---|---|---|---|---|---|---|
| 감자튀김 | 100 | 319 | 39.8 | 3.8 | 17.1 | 13 |
| 돈가스(냉동) | 100 | 225 | 57.3 | 14 | 12.1 | 15.1 |
| 단감 | 100 | 83 | 72.3 | 0.9 | 0 | 23 |
| 우유 | 100 | 60 | 88.2 | 3.2 | 3.2 | 4.7 |

비슷한 수분 함량을 가진 식품의 경우는 지방 함량에 따라 칼로리가 크게 차이가 나는데, 같은 양의 식품이라도 물과 섬유소의 양이 많을수록 그리고 지방의 양이 적을수록 저칼로리 식품이에요.

모든 식품의 영양소가 열량을 내는 것은 아니랍니다. 식품을 구성하고 있는 영양소 중 연소되어 열량을 내는 것은 탄수화물, 단백질, 지방과 알코올인데, 폭발 열량계로 측정해 보면 탄수화물은 1g에 4.10kcal이고, 단백질은 1g에 5.65kcal, 지방은 1g에 9.45kcal, 알코올은 1g에 7kcal의 열량을 내고 있지요.

＿알코올이 1g에 7kcal라고요? 우아! 칼로리가 높네요. 저도 알코올 먹고 힘낼까요?

한 학생이 농담을 하자 모두 웃음을 터뜨렸다.

그래요. 칼로리는 높지요. 그러나 알코올에는 영양소가 없답니다.

__그렇군요. 다른 것들은 영양소의 종류에 따라 칼로리가 다를 것인데, 알코올은 영양소가 없다고요?

탄소(C)와 수소(H)가 많이 든 것일수록 연소되어 내는 열량이 큰데, 지방은 원소의 조성이 탄수화물이나 단백질과 다르기 때문에 그에 비해 2배 이상의 열량을 생산하는 것입니다.

또, 한 가지 특이한 점은 단백질을 구성하고 있는 질소(N)가 폭발 열량계에서는 연소되어 열을 생산하지만, 우리 몸 안에서는 요소로 만들어져서 산화되지 않고 오줌으로 배설된다는 것이에요. 그 열량은 1g당 1.25kcal이므로 단백질이 폭발 열량계에서 생산하는 열량과 몸 안에서 연소되는 열량은 차이가 있습니다.

또한 대부분의 식품들은 탄수화물, 단백질, 지방의 구성 비율이 서로 다르기 때문에 생산되는 열량도 각기 다릅니다. 뿐만 아니라 몸 안에서는 식품의 소화가 완전히 되지 않고 흡수 및 대사도 완전히 이루어지지 않기 때문에 체내에서 영양소의 열량값은 소화율과 불완전 연소되는 것을 뺀 나머지를 말한답니다.

식품이 몸속에서 내는 열량값도 다르지만 영양소 소화율,

흡수율도 다르답니다. 일반적으로 영양소의 평균 흡수율은 탄수화물 98%, 지방 95%, 단백질 92%이며 식품의 종류에 따라 평균 소화율이 조금씩 달라질 수 있는데, 특히 섬유소가 많은 경우에 흡수율은 낮아지지요. 따라서 소변으로 나가는 열량 손실과 소화율을 감안하면 신체 내에서의 열량값은 탄수화물 4kcal, 단백질 4kcal, 지방 9kcal이며, 이를 생리적 열량값이라고 말한답니다. 그래서 각 식품의 구성 성분을 알면 식품 내 함유된 잠재 에너지를 쉽게 알 수 있는 거지요.

자, 어때요? 이제 두 번째 수업을 시작할 때 이야기한 감자의 열량값이 어떻게 나온 건지 이해하겠습니까?

지금까지 우리는 식품이 가지고 있는 열량에 대해서 알아보았습니다. 이제부터는 우리 몸이 얼마만큼의 에너지를 필요로 하는지 알아보고, 신체 에너지 필요 추정량을 측정하는 방법에 대해 공부해 봅시다.

사람이 하루에 얼마만큼의 에너지를 필요로 하는가를 알려면 신체의 모든 기관이 활동할 때 발생하는 열량을 측정하면 됩니다.

우리 몸은 참으로 신비하고 복잡하고 정교하게 만들어져 있지요. 몸 안에서 소비되는 에너지도 기초 대사, 휴식 대사, 활동 대사, 식이성 발열 효과로 나누어집니다.

하루에 필요한 총 에너지 소요량

= 기초 대사량 − 수면 시 대사 저하로 인한 열량(10%)+활동 대사량 + 식이성 발열 효과

＿선생님, 너무 어려워요.

그런가요? 그럼 각각의 대사에 대해 조금 더 쉽게 설명하도록 하지요.

기초 대사량이란 오직 생명을 유지하는 데 필요한 에너지를 말하며, 편안한 상태에서 측정합니다. 심장 박동, 호흡, 체온 유지 등에 쓰이는 에너지의 양이 바로 기초 대사량입니다.

내가 너보다 체표면적이 넓어서 피부를 통해 발산되는 열량이 커서 기초 대사량이 더 높지.

체중은 같은데 네가 높단 말이지?

같은 체중을 가지더라도 키가 크고 마른 사람이 키가 작고 뚱뚱한 사람보다 체표면적이 넓어 기초 대사량이 높지요. 또한 계절에 따라서 겨울에는 기초 대사량이 증가하고 여름에는 감소합니다.

기초 대사량은 총 칼로리의 60~70%를 차지한답니다. 신체의 활동량이 많은 일부 노동자 또는 운동선수의 경우에는 기초 대사량의 2배 이상을 활동 에너지로 소비하지요. 그래서 운동선수나 육체 노동에 종사하는 사람들은 칼로리가 높은 음식을 섭취해야 한답니다.

여러분은 식사를 할 때 몸이 더워지고 땀이 나는 것을 경험한 적이 있나요?

__ 네, 저는 밥을 맛있게 먹고 나면 열이 나는 것 같아요.

그것은 식이성 발열 효과 때문이에요.

다시 말하면 몸속에 들어온 영양소들이 소화·흡수·배설 등의 대사에 이용되기 때문에 열이 난다는 것이지요.

　섭취된 영양소의 종류와 양에 따라 소모되는 에너지도 다릅니다. 예를 들어, 고기를 먹을 때가 밥을 먹을 때보다 아미노기($NH_2$)의 이탈과 요소를 만드는 등의 복잡한 대사 과정을 거쳐야 하므로 에너지의 소비가 5배 정도 많답니다.

　평균적으로 식품을 이용하는 데 소모되는 에너지량을 10% 정도로 간주합니다.

　이러한 대사량을 기준으로 개인이 필요한 에너지의 양을 산출해 낸답니다. 그러한 에너지 필요량은 사람마다 나이에 따라 다르고, 성별에 따라서도 다르지요.

　더욱이 현대인들은 개인마다 체중, 키, 대사량, 활동량 등

이 매우 다양하기 때문에 그에 따른 맞춤 영양을 권하고 있답니다.

　 __맞춤 영양이요? 맞아요! 저와 하늘이는 같지 않을 거예요. 제가 하늘이보다 체중이 훨씬 많이 나가니까 에너지도 많이 필요하답니다. 하하하!

　에너지 섭취량과 에너지 소모량이 균형을 이룰 때 체중이 유지되는데, 에너지 대사가 불균형하다면 어떻게 되겠습니까? 신체 구성을 변화시킬 뿐만 아니라 신체 기능을 감소시켜 활력을 떨어뜨리겠지요. 다시 말하면 먹는 것보다 활동량이 많거나, 먹는 것은 많은데 활동량이 적다면 둘 다 문제가 되어 몸의 기능이 떨어진다는 겁니다.

　그럼 이제 에너지 평형에 대해 한번 알아볼까요? 예를 들어, 보람이가 하루에 2,000kcal를 섭취하고 열심히 테니스를 쳐서 2,000kcal를 모두 소비했다면 체중 변화는 없겠지요. 이 상태를 에너지 평형이라고 합니다.

　그런데 보람이가 하루에 2,000kcal를 섭취하고 운동은 하지 않은 채 텔레비전만 보아서 소비 에너지가 1,000kcal뿐이라면 체중은 증가하고, 이 상태는 '양의 에너지 평형'이 됩니다. 그렇게 되면 당연히 보람이는 비만이 되고 그러한 상태가 지속되어 성인이 되면 고혈압, 심혈관계 질환, 당뇨병 등

성인병이 생길 위험이 있답니다.

또, 만약 보람이가 하루에 2,000kcal를 섭취하고 스케이트 보드를 타서 3,000kcal를 소비했다면 체중이 감소하게 되겠지요? 그 상태를 '음의 에너지 평형'이라고 합니다. 이때는 매사에 의욕이 떨어지고 면역 기능도 약해지며 성장이 잘 안 될 수도 있어요. 그러니 에너지 섭취량과 에너지 소모량은

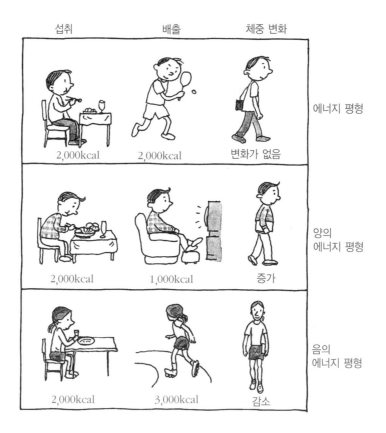

| 섭취 | 배출 | 체중 변화 | |
|---|---|---|---|
| 2,000kcal | 2,000kcal | 변화가 없음 | 에너지 평형 |
| 2,000kcal | 1,000kcal | 증가 | 양의 에너지 평형 |
| 2,000kcal | 3,000kcal | 감소 | 음의 에너지 평형 |

균형을 이루어야 하는 것입니다.

최근 칼로리에 대한 지나친 관심은 영양 결핍에 있어서도 문제이지만 영양 과다 섭취를 유발하기도 하여 건강에 문제를 일으킵니다. 비만과 과체중이 그 예이지요.

잠깐! 비만에 대해서 알아보기 전에 식량이 부족해서 굶고 있는 지구 저편의 사람들에 대해 한번 생각해 봅시다. 하루에 500원을 아끼면 기아에 처해 있는 아이가 일주일 동안 먹을 수 있는 식량을 구할 수 있다고 해요.

__네? 아이스크림 하나 값이 일주일치 식량 비용이라고요?

__나는 하루에 아이스크림을 3개 이상 먹는데, 이제는 2개만 먹고 1개는 그 아이들에게 주고 싶어요.

그래요. 이제 보람이도 다른 사람을 배려할 줄 알고, 적당히 먹는 법을 배워야 해요. 음식을 알맞은 양만 먹으면 몸이 우선 즐거워요. 또, 굶고 있는 사람들을 생각해 본다면 먹을 것이 풍족한 환경에 감사한 마음이 들 거예요.

그럼, 이제 비만에 대해 알아볼까요?

비만의 원인은 사람마다 다르답니다. 음식을 많이 먹어서 뚱뚱해지는 경우도 있고, 몸을 잘 움직이지 않아서 뚱뚱해지는 경우도 있어요. 어쨌든 섭취한 칼로리보다 소모한 칼로리가 적은 결과이지요. 그러나 칼로리의 섭취량과 소모량은 정상인데 칼로리의 대사에 이상이 생겨서 비만이 되는 경우도 있습니다.

일반적으로 부모 양쪽이 비만, 한쪽만 비만, 혹은 양쪽 모두 정상일 때, 아이들이 비만일 확률은 각각 80%, 40%, 17% 정도입니다. 또한 일란성 쌍둥이는 다른 환경에서 자라도 체중 증가의 형태나 체지방의 분포가 비슷하답니다.

__선생님, 저는 비만은 환경 때문이라고 생각해요. 그렇지 않나요?

그 말도 맞지요. 부모가 비만일 때 자식도 비만일 확률이 높은 것은 같이 살면서 식습관과 생활 방식이 닮아가기 때문

이에요.

한편 먹을 것은 부족하고 노동량은 많았던 과거에 비해, 현대인들은 맛있는 음식의 재료를 싼값에 쉽게 구할 수 있을 뿐만 아니라 교통수단의 발달로 걷는 시간도 줄었어요. 이렇듯 음식 섭취에 비해 운동량이 줄어들면서 비만인 사람이 더욱 증가하는 추세이지요.

__선생님, 그럼 결국 비만은 유전이 원인인가요? 아니면 환경이 원인인가요?

그것은 2가지를 절충하여 결론을 내릴 수 있습니다. 체지방량의 최저치는 유전적으로 타고나지만, 최대치는 환경적 요인들입니다. 즉, 많이 먹고 적게 움직이는 식습관과 행동 습관이 비만을 유발한다는 것입니다.

__식습관도 바꾸고 운동도 많이 해야 되는구나. 그런데 선생님, 얼마 전에 엘리베이터에서 옆집 누나를 만났는데요. 그 누나는 날씬해 보이는데도 다이어트를 한다고 하더라고요. 도대체 비만의 기준이 무엇인가요?

비만 진단에 가장 많이 사용되는 지표는 비만 지수, 체질량 지수, 허리와 엉덩이 둘레의 비, 피부밑 지방의 두께를 재는 방법이 있어요.

비만 지수란 실제 체중과 표준 체중과의 차를 표준 체중과 비교한 백분율로 나타내며, 20% 이상이면 비만으로 판정하는 거예요.

$$비만 지수 = \frac{실제\ 체중 - 표준\ 체중}{표준\ 체중} \times 100$$

좀 더 쉬운 계산법으로 해 볼까요? 체질량 지수는 체내 지방의 양을 잘 나타내 주는 간편하고 믿을 만한 비만 판정의 지표입니다.

$$체질량 지수 = \frac{체중(kg)}{신장의\ 제곱(m^2)}$$

체질량 지수를 이용하여 18.5~22.9는 정상으로, 23~24.9는 체중 과다, 25 이상은 비만으로 간주한답니다. 지표상으로 정상인데도 더 날씬해지기 위해 무리한 다이어트를 한다면 저체중이 되어 건강에 좋지 않아요.

구체적으로 비만은 건강에 어떤 영향을 끼칠까요?

우선 비만은 용모에 대한 열등감을 주어 정신적·심리적으로 스트레스를 받게 합니다. 그리고 심근 경색증, 고혈압, 당뇨병, 고지혈증, 간 기능 이상 등을 유발합니다.

더욱 심각한 것은 아동과 청소년 비만입니다. 아동과 청소년의 경우에는 나이가 들어서도 계속 비만 상태가 지속될 가능성이 높습니다. 2002년 한국의 비만 인구 통계를 보면 남자 17.9%, 여자 10.9%로, 1981년 통계인 남자 1.4%, 여자 2.4%와 비교했을 때 큰 폭으로 증가했으며 남자는 무려 10배 이상 차이가 납니다.

그리고 더욱 문제가 되는 것은 성인병으로 고생하는 나이가 점점 낮아진다는 것입니다. 한국은 더 이상 비만의 안전지대가 아닙니다.

체중을 줄이는 것은 개인마다 다를 수 있지만, 보편적으로 일주일에 0.5~1.0kg 정도의 범위로 줄이는 것이 바람직합니다. 갑자기 지나치게 체중을 감량하는 것보다 식사 요법, 행동 수정 요법, 운동 요법을 병행하여 서서히 줄여 가는 것이 바람직하지요.

효과적인 식사 요법은 다음과 같습니다.

- 총 열량을 줄인다. 하루에 500kcal씩만 열량 섭취를 줄이면 한 달에 2kg 정도의 체중을 줄일 수 있다.
- 필요한 열량 내에서 식품을 골고루 섭취해야 한다.
- 급격한 체중 감소보다는 꾸준한 식사 조절이 더 중요하다.
- 간식이나 야식을 먹는 습관을 고친다.

- 가공 식품보다는 신선한 식품을 이용하고 기름이 많이 들어가는 조리법은 피한다.
- 설탕, 꿀, 사탕, 탄산음료, 케이크, 초콜릿 등의 섭취를 줄이고 현미, 통밀 등 섬유소가 많은 곡류를 이용한다.
- 채소, 해조류, 콩과 식물은 열량이 적으면서 비타민, 무기질, 섬유소를 공급하므로 충분히 섭취한다.
- 텔레비전을 보면서 무엇인가를 먹는 습관, 음식을 빨리 먹는 습관 등은 고치는 것이 바람직하다.

지속적인 운동은 체지방을 감소시키고 근육량을 증가시키므로 기초 대사량을 높여 체중 조절에 도움이 된답니다. 체중 조절에는 특히 어떤 운동이 좋을까요?

체지방의 감소를 위해 걷기, 수영, 자전거 타기, 달리기 등

이런 행동은 비만이 되는 지름길!

과 같이 일정 시간 지속할 수 있는 운동이 좋은데, 이러한 운동을 '유산소 운동'이라 하지요. 그렇다면 운동은 얼마 동안 하는 것이 가장 적당할까요?

중간 정도의 강도로 1회 운동하는 시간은 30분 이상, 일주일에 3~5일 정도로 하는 것이 바람직합니다.

음식별 칼로리와 운동별 소모 칼로리에 대해 아는 것도 어느 정도 도움이 되겠지요? 몇 가지 예를 들어 볼게요.

끓인 누룽지, 불고기, 햄버거 1인분은 300~349kcal인데, 이만큼의 칼로리를 소모하려면 자전거를 보통 속도로 75분 정도 타야 한답니다. 또한 군만두 1인분은 750~799kcal이고, 이만큼의 칼로리를 소모하려면 배드민턴 95분, 조깅 70분 정도를 해야 하지요.

이제 칼로리가 무엇인지 정확히 이해가 되었나요? 그러나 이해만 한다고 되는 것이 아닙니다. 아는 것을 실천하는 것이 건강하게 살 수 있는 방법입니다.

저 여배우는 날씬한데도 항상 다이어트를 한대. 너도 살 좀 빼!

어휴, 잔소리 좀 하지 마! 선생님, 도대체 비만의 기준이 무엇인가요?

비만증 진단에 가장 많이 사용되는 지표는 비만 지수, 체질량 지수, 허리와 엉덩이 둘레의 비, 피하 지방의 두께를 재는 방법이 있지요.

참 여러 가지가 있네요.

**비만 지수**
· 체질량 지수
· 허리와 엉덩이 둘레의 비
· 피하 지방의 두께

비만 지수란 어떤 건가요?

실제 체중과 표준 체중과의 차를 표준 체중과 비교한 백분율로 나타낸 것으로, 20% 이상이면 비만으로 판정하는 방법이지요.

$$비만\ 지수 = \frac{실제\ 체중 - 표준\ 체중}{표준\ 체중} \times 100$$

체질량 지수는요?

$$체질량\ 지수 = \frac{체중(kg)}{신장의\ 제곱(m^2)}$$

그건 체내 지방의 양을 잘 나타내 주는 간편하고 믿을 만한 비만 판정의 지표예요.

체질량 지수를 이용해서 18.5~22.9는 정상, 23~24.9는 체중 과다, 25 이상은 비만으로 간주하지요.

전 정상이에요.

**체질량 지수**
· 18.5~22.9는 정상
· 23~24.9는 체중 과다
· 25 이상은 비만

계산 잘못한 거 아냐?

지표상으로 정상인데도 더 날씬해지기 위해 무리한 다이어트를 한다면 저체중이 되어 건강에 좋지 않아요.

그럼 난 살 안 빼도 되겠다!

# 탄수화물 이야기

탄소, 수소, 산소로 이루어진 유기 화합물을 탄수화물이라고 합니다.
탄수화물은 우리 몸에서 어떤 기능을 하는지 알아봅시다.

# 3

세 번째 수업
## 탄수화물 이야기

에이크만이 탄수화물에 대해 설명하며
세 번째 수업을 시작했다.

이번 시간에는 영양소 중에서도 지구상에 가장 널리 분포
되어 있는 탄수화물에 대해 설명을 해 볼까요? 여러분은 조
선 시대 왕 중 가장 훌륭한 분이 누구라고 생각하나요?

__세종 대왕이요.

그래요. 세종 대왕은 한국사의 역대 왕들 가운데 한글 창제
라는 가장 찬란한 업적을 쌓은 분입니다. 그런데 세종 대왕
은 35세 이후에 당뇨가 심해져 하루에 물을 한 동이 넘게 마
실 정도였다는 기록이 있답니다.

__저희 할아버지도 당뇨병이셔서 식사시 주의하셔야 한다

고 말씀하셨는데, 도대체 당뇨병이 어떤 병인가요?

당뇨병은 탄수화물 섭취와 관련된 대표적인 질환입니다. 우선 탄수화물이 무엇인지에 대해 살펴본 후 설명하도록 하지요.

탄수화물은 원소 구성이 탄소(C), 수소(H), 산소(O)로 되어 있고 주로 광합성에 의하여 식물에서 만들어지며 지구에서 가장 많은 유기물입니다. 또한 모든 동물의 주요한 에너지원이기도 하답니다. 사람도 탄수화물을 중요한 주식으로 하고 있지요.

$$6CO_2 \ + \ 6H_2O \ \xrightarrow[\text{광합성}]{\text{(빛 에너지)}} \ C_6H_{12}O_6 \ + \ 6O_2$$

이산화탄소　　　물　　　　　　　　포도당　　　산소

광합성은 식물의 엽록체에 의해 태양 에너지의 도움으로 이산화탄소와 물이 탄수화물로 바뀌는 작용입니다. 그렇다면 탄수화물이 들어 있는 식품에는 무엇이 있을까요?

바로 쌀, 보리, 잡곡류, 감자, 토란, 밀, 과자류, 캔디, 설탕 등이랍니다. 좀 더 자세히 살펴보면 탄수화물은 6개의 탄소(C)로 구성된 6탄당인 포도당과 과당으로 과일, 혈액, 벌꿀 등에 있고, 포도당과 과당이 합해져서 물 1분자를 잃고 이당류라 불리는 설탕에도 있습니다. 또, 포도당 같은 단당류의 다수가 결합되어 있는 다당류로, 곡류와 감자류에 있는 전분에도 있습니다.

최근 기능성 식품으로 특히 주목받는 탄수화물이 있어요.

**과학자의 비밀노트**

**탄수화물의 종류**

• **단당류** : 더 이상 가수분해되지 않는 간단한 구조를 가진 탄수화물로, 중요한 단당류는 6탄당인 포도당, 과당, 갈락토오스 등이 있다.

• **이당류** : 가수분해될 때 2개의 구성 단위로 분해되는 당류, 즉 2개의 단당류를 형성하는 당류로 설탕(포도당+과당), 맥아당(포도당+포도당), 젖당(포도당+갈락토오스) 등이 있다.

• **다당류** : 에너지의 저장 형태이거나, 식물의 구조를 형성하는 물질로, 가수분해될 때 많은 수의 단당류가 형성되는 녹말(전분), 글리코겐, 식이 섬유 등이 있다

그것은 사람의 소화 기관에서는 소화되지 않는 식이섬유와 올리고당이지요. 식이섬유와 올리고당은 만성 질환 예방을 위한 건강 기능 식품으로 그 중요성이 커지고 있어요.

올리고당은 밀, 콩, 우엉, 바나나, 죽순, 마늘, 양파 등의 자연식품에 들어 있어요. 그리고 그것은 대부분 사람의 소화 효소에 의해 분해되지 않고, 대장에 있는 세균에 영향을 미쳐 장을 튼튼하게 하고 변비를 막아 준답니다. 또한 혈청 콜레스테롤도 감소시키고 면역성을 높이는 효과도 있어요.

이뿐만 아니라 올리고당은 유익한 유산균을 활성화시켜서 대장암을 예방해 주는 효과가 있다고도 알려져 있어요. 올리고당은 설탕과 비슷한 단맛을 가진 저에너지 감미료이기에,

혈액 내의 혈당을 급격히 높이지 않아서 당뇨병 환자의 혈당 조절에도 유리하답니다.

— 저희 엄마는 김밥을 만들어 주실 때 꼭 우엉을 넣으시는데, 저는 항상 우엉을 빼고 먹었어요. 그런데 선생님 설명을 듣고 나니, 이제부터는 잘 먹어야겠어요. 올리고당이 들어 있으니까요.

— 선생님, 그런데 어제 TV에서 날씬한 여자가 식이섬유가 든 음료수를 마시는 광고를 보았어요. 다이어트가 식이섬유와 관련이 있는 것인가요?

네, 관련이 있답니다. 사람에게는 분해 효소가 없어서 식이섬유를 소화하지 못하지만, 소나 양 등 초식 동물의 장에는 소화 효소가 있어서 식이섬유를 분해하여 에너지로 이용합니다.

건강에 있어서 식이섬유의 중요성은 미국의 그래함 목사가 처음으로 주장했는데, 그 후 1870년대 중반 켈로그 박사가 식이섬유가 많이 들어 있는 곡류를 제품화하여 아침 식사용으로 판매함으로써 백만장자가 되었어요.

식이섬유는 도정을 많이 한 백미보다는 도정을 적게 한 현미에 많이 들어 있으며, 호밀과 과일, 채소에도 들어 있습니다.

식물의 줄기나 고사리, 브로콜리 등의 단단한 줄기에 있는 식이섬유는 장을 통과하는 시간을 짧게 하여 변의 양을 많게

해 줍니다. 또한 사과, 바나나, 강낭콩, 씨앗에 들어 있는 식
이섬유는 포도당을 천천히 흡수시켜서 혈당을 조절해 주고,
혈청 속 콜레스테롤의 양도 줄여 준답니다.

그럼 이제 식이섬유가 몸 안에서 하는 역할을 정리해 볼까
요? 비만을 예방하는 데 있어서 식이섬유가 하는 역할은 다
음과 같습니다.

- 음식물을 씹고 삼키는 데 시간이 걸리게 하여 다른 탄수화물의
  흡수를 방해한다.
- 음식물의 대장 통과 시간이 짧아 포만감이 들게 하고 영양소의
  체내 이용률을 떨어뜨려 체중 감소 효과를 볼 수 있다.

한편 대장암을 예방하는 데 도움이 되는 식이섬유의 기능은 다음과 같습니다.

- 식이섬유에 들어 있는 수분이 장에 있는 발암 물질을 희석시키고, 발암 물질과 직접 결합하여 흡수되지 못하게 하면서 배설시킨다.
- 식이섬유는 부피가 크므로 장의 연동 작용을 활발히 함으로써 음식물이 장을 빨리 통과하여 대장 세포가 발암 물질과 접촉할 수 있는 기회를 줄여 준다.

당뇨병에 있어서 식이섬유의 역할은 다음과 같습니다.

과일, 채소, 콩 등에 들어 있는 식이섬유를 많이 먹으면 소장에서의 당 흡수가 느려지고 혈당이 천천히 증가하므로 인슐린이 덜 필요하게 된다.

＿식이섬유가 그렇게 좋은가요? 그럼 앞으로 식이섬유가 들어 있는 음료를 많이 먹어야겠어요.
＿식이섬유가 든 음료에 얼마만큼의 식이섬유가 들어 있는지 알고 적당히 먹어야지.

잘 알고 있네요. 내가 이제 막 주의 사항을 말하려던 참이었어요.

건강한 성인이 섬유소가 많이 들어 있는 식사를 하는 것은 몸에 좋지만, 영양소 필요량이 많거나 소화 능력이 부족한 성장기 어린이나 노약자의 경우에는 섬유소를 많이 먹으면 좋지 않아요. 지나치게 섬유소가 많이 들어 있는 식사를 하게 되면 오히려 변이 매우 단단해져 배변이 더 어려워질 수 있거든요. 그리고 위장관 장애도 나타날 수 있는데, 대장에서 세균에 의해 식이섬유가 대사되면서 메탄, 이산화탄소, 수소 등의 가스가 생기고 심할 경우 위장관(위와 창자를 포함한 소화 기관) 통증, 복통(배 아픔) 등이 생긴답니다.

식이섬유는 수분과 결합하는 능력이 있어 고섬유식을 할

**과학자의 비밀노트**

**고섬유식**

평상식보다 섬유질이 많이 함유된 음식인 채소류·해조류·버섯류·우무(우뭇가사리를 끓여서 만든 끈끈한 물질) 등을 이용한 건강식이다. 이는 대장의 운동 기능을 높이기 위해 자극을 주기 위한 것인데, 다이어트나 암의 치료식으로 쓰이며 특히 대장의 긴장력 저하에 의한 이완성 변비의 치료식으로 쓰인다.

때에는 많은 양의 물을 마셔야 해요. 또한 칼슘, 철분 등의 중요한 무기질과 섬유소가 결합하여 흡수를 방해할 수 있기 때문에 영양 상태가 나쁠 때는 고섬유식을 피하는 것이 좋습니다. 무엇이든 지나친 것은 해롭다는 사실을 명심해야 합니다.

＿그렇다면 식이섬유가 가장 많이 들어 있는 식품에는 어떤 것이 있나요?

고구마이지요. 고구마에는 쌀밥 한 공기보다 5배 정도의 식이섬유가 더 들어 있어요.

＿선생님, 키토산도 식이섬유인가요?

그렇답니다. 그렇지만 식물성 식이섬유는 아니에요.

키토산은 물에 녹지 않고 몸 안에서 흡수도 되지 않는 동물성 식이섬유입니다. 새우나 게의 껍질에 있는 키틴으로 만든

쌀밥보다 식이섬유가 5배나 많지요.

고구마, 큰 것 1개(220g)에 2.2g의 식이섬유

쌀밥(210g)에 0.4g의 식이섬유

물질인데, 자연계에서는 식물의 식이섬유에 이어 두 번째로
풍부한 식이섬유 생물 자원이지요.

　키토산이 비만, 고지혈증, 고혈압 등 심장과 관련된 질병의
치료 및 예방에 효과가 있으며 항균 작용, 항산화 효과, 항암
작용 및 면역 기능을 높여 준다는 연구 결과가 나와 있어요.
그래서 최근 건강 기능 식품 산업에서도 키토산에 대한 관심
이 높아지고 있답니다. 그러나 이것 또한 과다 섭취시 독성
이 있다고 보고되어 있지요.

　＿선생님, 목마르실 텐데 꿀물 좀 드세요.

　고맙군요. 시원하고 맛있네요.

　＿선생님, 꿀에 대한 이야기도 좀 해 주세요.

허허, 그러지요. 앞에서 이야기했듯이 꿀도 탄수화물입니다. 고대부터 사용되어 온 감미료인 벌꿀은 음식에 독특한 단맛과 향미를 주지요. 그러나 벌꿀에는 클로스트리디움 보툴리눔균(clostridium botulinum)이 들어 있어서 소화 장애를 일으킬 수도 있답니다. 성인의 경우에는 위산이 강하여 이 미생물이 번식하지 못하지만, 위산이 적은 어린이의 건강엔 위협적이 될 수도 있기 때문에 어린이에게는 꿀이 바람직한 감미료가 아니랍니다.

__선생님, 그런데 자일리톨 껌은 정말 충치에 탁월한 효과가 있는 건가요?

이제부터 잘 들어 보세요.

치아에 오랜 시간 붙어 있는 캐러멜, 사탕, 초콜릿 등은 당이 많으면서 끈적끈적한 것으로 충치를 생기게 하는 대표적인 식품입니다.

세균이 산을 생성하여 치아를 부식시키려면 시간이 걸리는데, 단 식품들은 쉽게 제거되지 않고 치아에 달라붙어 미생물에게 당을 계속 공급해 주지요. 그래서 이가 썩게 되는 겁니다.

그러나 자일리톨이 입안에 들어가면 충치를 일으키는 세균은 자일리톨을 흡수할 수는 있으나 분해시켜서 에너지원으로 사용하지는 못한답니다. 그래서 다른 당을 흡수할 수 있는 기회가 줄어들고, 에너지원으로 이용할 수도 없는 자일리톨만 많이 흡수하여 영양분이 부족해진 충치균은 차츰 죽어가게 되는 거지요.

__자일리톨도 탄수화물인가요?

자일리톨은 탄소가 6개인 당 알코올의 유도체 탄수화물이에요.

__선생님, 그런데 아까 탄수화물 식품을 먹으면 힘이 생긴다고 하셨지요?

그렇지요. 탄수화물의 주된 기능은 바로 에너지를 만드는 겁니다.

특히 뇌의 주요 에너지원으로는 포도당(glucose)을 이용하지요. 몸속으로 흡수된 포도당은 간과 근육에서 글리코겐(glycogen)으로 저장되어 있다가 필요할 때 이용됩니다. 간속의 글리코겐은 필요할 때 분해되어 혈당을 일정하게 유지하고 세포의 에너지원으로 이용되며, 근육에 저장된 글리코겐은 근육 수축 시 필요한 에너지원으로 이용됩니다.

글리코겐은 동물의 저장 다당류로서 동물의 간장 및 세포속에 있어요. 따라서 동물성 전분이라고도 합니다. 글리코겐은 찬물에 녹으며 사람의 경우 식사량을 줄이거나 근육 운동을 할 경우 바로 에너지원으로 이용되기 때문에 몸의 생리 상태의 변화에 따라 함량이 달라집니다.

포도당에 대해서도 알아볼까요?

몸속에서는 에너지의 공급원으로 포도당이 항상 필요하답니다. 포도당은 신경계와 적혈구에 특히 중요한 에너지원이에요. 혈액 내 혈당의 유지는 매우 중요한데, 만약 혈당치가 극히 저하되면 뇌의 기능이 마비되고 때로는 혼수상태에 빠질 수도 있지요. 그래서 우리 몸에 충분한 양의 탄수화물이 들어오지 않았을 때는 지방이나 단백질로부터 포도당을 만들어서 쓴답니다.

한때 고기만 먹고 탄수화물은 전혀 섭취하지 않으면서 살을 빼는 다이어트법인 이른바 '황제 다이어트'가 유행이었어요. 그것으로 인해 체중이 감소된 사람도 있었다는데 과연 결과적으로는 어떠했을까요?

　앞서 말했듯이 우리 몸에는 탄수화물, 포도당이 꼭 필요합니다. 총 열량의 60~70%를 탄수화물로 섭취하는 것이 바람직합니다.

　그런데 황제 다이어트는 고단백, 고지방, 저탄수화물 식사를 위주로 한 다이어트입니다. 일시적으로 체중 감소 효과를 볼 수 있어서 한때는 유행했으나, 부작용이 생기고 체중이 금방 다시 증가하는 등의 이유로 더 이상 사람들의 관심을 끌지 못하고 사라졌습니다.

　우리 몸 안에 탄수화물이 들어오지 않으면 메스꺼움, 두통, 어지러움 등 여러 가지 부작용이 생긴답니다. 이 중에서 탈수와 식욕 부진을 일시적인 체중 감소 효과라고 오해하기도 하지요. 그러나 신체의 수분 손실은 비만 치료와는 무관하고, 그 밖에 다른 부작용들도 신체 활동의 감소를 가져옵니다.

　또 질문이 있나요?

　＿당뇨병에 대해서 더 자세히 알고 싶어요, 선생님. 세종대왕도 당뇨병이셨고, 저희 할아버지도 당뇨가 있으시다고

아까 말씀드렸잖아요.

아! 그렇지요. 당뇨병에 대해 상세하게 설명해 줄게요.

당뇨병은 대사성 질병입니다. 즉, 당뇨병은 몸 안에서 포도당을 정상적으로 이용할 수 없게 되어 혈액 속에 포도당이 증가하고 소변으로 당이 배설되어 나타나는 질병입니다.

그렇다면 언제 몸에서 포도당을 이용할 수 없고 혈당이 높아지는 것일까요?

우리가 먹는 음식의 성분 중 대부분은 몸속으로 들어가면 당으로 바뀌는데, 이렇게 만들어진 당은 혈액을 통해 각 세포로 운반됩니다. 그리고 혈당이 세포 속으로 들어가기 위해서는 인슐린이라는 호르몬이 필요합니다. 인슐린은 이자에서 혈액으로 분비되어, 음식에서 얻어진 혈당이 세포 속으로 운반되도록 도와줍니다.

그러나 당뇨병 환자는 인슐린을 충분히 생성하지 못해요. 또는 인슐린은 정상적으로 분비되는데 조직에서 인슐린이 제 기능을 발휘하지 못해서 혈당을 세포 속으로 원활하게 운반하지 못하게 된답니다. 그 결과 혈액 속의 혈당량이 크게 증가되고 소변으로 당이 배설되는 거지요.

점차적으로 당뇨병 환자는 늘어나는 추세입니다. 당뇨병은 연령에 관계없지만 대부분 40, 50대에 많이 나타납니다.

물론 어린이 또는 청소년기에도 발병할 수가 있어요.

그러나 성인일 때 걸린 당뇨병과 어린 나이에 걸린 당뇨병은 다르지요. 어려서 발병하는 당뇨병은 증세가 갑자기 나타나며 유전이나 면역 체계에 이상이 생겨 이자의 베타 세포가 파괴되면서 인슐린을 분비하지 못하거나 부족한 경우입니다. 반면 성인이 되어서 발병하는 당뇨병은 증세가 서서히 나타나며 비만, 운동 부족, 스트레스 등이 원인이고, 인슐린 분비는 정상이나 인슐린의 저항성이 증가하는 것입니다. 즉 인슐린이 제 기능을 하지 못하는 것이지요.

__그렇다면 당뇨병에 걸렸는지는 어떻게 알 수 있나요?

정확히 알기 위해서는 혈액에 당이 어느 정도의 수치인지를 검사할 필요가 있어요. 혈당 검사는 8시간 이상 어떤 음식도 먹지 않은 상태에서 측정합니다. 정상인은 혈당이 110mg/dL 이하인 데 반해 당뇨병 환자는 126mg/dL 이상이 나옵니다. 임의의 시간에 측정한 혈당은 200mg/dL 이상으로 나오고요.

당뇨병으로 진단되기 전에는 다음 중 한 가지 이상의 자각 증세가 나타납니다.

• 심한 갈증 때문에 물을 많이 마시게 되거나 음식을 많이 먹게 된다.

- 시야가 선명하지 않을 때가 자주 있다.
- 소변을 자주 보거나 배가 자주 고프다.
- 몸이 피로하고 힘이 없어진다.

당뇨병이 무서운 이유는 신장에 이상이 생기는 만성 신부전증이나 심장에 병이 생기는 심근 경색, 뇌졸중, 시력 장애 및 시력 상실, 그리고 발이 썩기도 하는 등 여러 가지 합병증이 생기기 때문입니다.

그렇지만 다행히도 치료 방법은 있습니다. 약물 요법, 운동 요법, 식사 요법 등이 그것이지요.

당뇨병 환자에게 꼭 필요한 것이기도 하면서 가장 어려운 것은 식사 요법입니다. 식습관을 하루아침에 바꾸는 것은 누구나 쉽지 않기 때문이지요.

매끼 식사량을 동일한 수준으로 유지하여 혈당 상승을 최대한 억제하고, 이상적인 체중을 유지할 수 있도록 음식의 양과 종류 및 식사 시간의 간격을 적절히 조절해야 합니다.

일반적으로 당뇨병 환자들에게는 제한되거나 금지되는 식품이 많은 것으로 인식되어 있으나, 여러 음식을 골고루 섭취하여 각종 영양소를 알맞고 균형 있게 섭취하는 것이 가장 바람직합니다.

＿그럼 당뇨병에 좋은 음식에는 어떤 것들이 있나요?

당뇨병을 예방하려면 지방이 과다한 음식, 단순히 당이 많이 들어 있는 음식은 피해야 합니다. 백미보다는 현미가 좋고 보리, 조, 수수, 옥수수 등의 잡곡을 함께 먹으면 더욱 좋습니다. 감자는 찌거나 삶아서 요리하는 것이 도움이 되며 식빵을 먹을 때 잼이나 젤리는 생략하는 것이 좋겠지요. 또한 닭고기는 껍질을 벗기고 먹는 것이 좋습니다. 채소는 섬유소가 풍부하고 열량이 적으면서 배가 부른 느낌을 주므로 배추, 시금치, 오이, 당근, 버섯 등을 당뇨식에 많이 이용하도록 합니다.

당뇨병 환자들의 식사 계획을 위해서 식품 교환표를 이용하면 여러 가지 음식물을 골고루 먹되 적당량만 섭취할 수 있어서 매우 편리합니다. 식품 교환표란 우리가 평소에 먹는 식품을 성분이 비슷한 종류끼리 곡류군, 어육류군, 채소군, 지방군, 우유군, 과일군 등 여섯 군으로 분류한 뒤 각 식품군 내에서 비슷한 열량과 영양소를 공급해 주는 각 식품의 단위 분량을 1교환으로 설정하고, 각 개인의 열량 필요량과 영양소 필요량에 따라 각 군의 식품을 몇 교환씩 먹을 것인지를 결정하는 방식입니다.

＿선생님, 감사합니다. 당뇨병 때문에 고생하시는 할아버지께도 알려 드려야겠어요.

도움이 됐다니 다행이에요. 보람이가 열심히 들어 주니 나도 흐뭇하고 기분이 좋네요. 다음 시간에는 단백질에 대해서 알아볼까요?

우리는 왜 주식으로 밥을 먹는 걸까?

너 밥 먹기 싫어서 헛소리하는 거지?

탄수화물은 모든 동물의 중요한 에너지원인데, 바로 쌀에 탄수화물이 들어 있어요.

탄수화물이 뭔가요?

탄수화물은 원소 구성이 탄소(C), 수소(H), 산소(O)로 되어 있습니다. 이것은 주로 광합성에 의해 식물에서 만들어지는, 지구에서 가장 많은 유기물이에요.

탄수화물이 들어 있는 식품에는 무엇이 있나요?

광합성
$$6CO_2 + 6H_2O \longrightarrow C_6H_{12}O_6 + 6O_2$$
이산화탄소  물  (빛 에너지) 포도당  산소

바로 쌀, 보리, 잡곡류, 감자, 토란, 밀, 과자류, 캔디, 설탕 등이 있어요.

그래서 주식으로 쌀을 먹는군요.

탄수화물에 대해서 좀 더 알려 주세요.

단당류인 포도당과 과당은 과일, 혈액, 벌꿀 등이 있고, 이당류에는 엿당, 설탕 등이 있어요. 또 다당류로는 곡류와 감자류에 있는 전분 등이 있지요.

단당류  이당류  다당류

최근에는 식이섬유와 올리고당이 주목받고 있는데, 이들은 만성 질환 예방을 위한 건강 기능 식품으로 중요성이 커지고 있지요.

우리 엄마도 음식 하실 때 올리고당을 쓰요.

올리고당 함유

# 4

# 단백질 이야기

단백질은 세포의 원형질을 구성하는 주성분으로, 3대 영양소 가운데 하나입니다.
단백질이 우리 몸에서 어떤 기능을 하는지 알아봅시다.

# 4

네 번째 수업

## 단백질 이야기

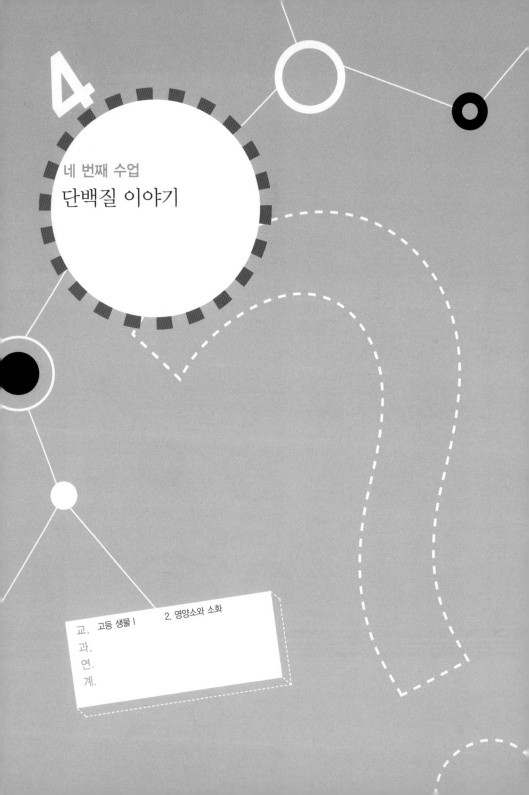

교. 고등 생물 I        2. 영양소와 소화

과.

연.

계.

에이크만이 멋진 근육과
단백질의 관계를 이야기하며
네 번째 수업을 시작했다.

여러분들은 연예인 중에 누구를 좋아하나요?

— 저는 탤런트 권상우가 좋아요. 권상우처럼 멋진 몸을 만
들 거예요.

— 저는 가수 비가 좋아요. 탄탄한 근육이 멋지거든요.

그들은 어떻게 해서 좋은 몸매를 유지하는 걸까요?

— 비는 닭 가슴살을 많이 먹는대요.

— 선생님, 무엇을 먹으면 그렇게 멋진 근육을 만들 수 있
을까요?

하하! 멋진 외모와 건강한 첫인상의 비결은 단백질이란 영

양소에 있습니다. 근육질의 멋진 몸매, 늘씬한 키, 탄력 있고 돋보이는 얼굴, 건강하고 윤기나는 머릿결, 피부, 손톱, 발톱 등 건강한 미남, 미녀의 비결은 적당량의 단백질을 섭취해 주는 거예요.

같은 체중의 사람이라도 체지방에 비해 단백질로 구성된 근육이 많은 사람이 훨씬 날씬하고 균형 잡힌 몸매로 보인답니다.

__저도 멋진 근육을 갖고 싶어요.

__선생님, 단백질을 얻으려면 무엇을 많이 먹으면 되나요?

우선 쇠고기, 돼지고기, 닭고기와 생선, 우유, 치즈, 달걀 등을 우수한 단백질 식품으로 들 수 있습니다. 그러나 기름기는 제거해야 해요.

또한 식물성 식품 중 콩 역시 단백질이 35~40%로 많이 들어 있어 주요한 단백질 식품으로 꼽힌답니다. 그래서 콩으로 고기와 같은 맛을 내는 콩고기를 만드는 등 콩은 식품 산업의 연구 대상이기도 하지요.

건강상 매끼 한 가지씩 주요 반찬을 적당량의 단백질 식품으로 먹는 것이 좋습니다. 예를 들어 아침에는 치즈, 점심은 불고기 덮밥, 저녁에는 두부 된장찌개로 식단을 짜고, 이튿날 아침은 계란찜, 점심에는 생선구이 1토막, 저녁에는 삼계탕 $\frac{1}{3}$그릇 정도로 식단을 짜면 좋습니다.

그리고 매일 끼니 때마다 계란, 우유 1컵, 생선 1토막, 두부 $\frac{1}{5}$모, 탁구공 크기의 육류 1토막 정도를 섭취하는 것이 적당하며 다양한 식품을 과식하지 않고 골고루, 적당히 먹는 것이 바람직합니다.

음식에 대해 이야기하니까 저녁 식사로 맛있는 불고기 덮밥이 먹고 싶어요.

저도 배가 고파지는걸요. 그런데 단백질은 우리 몸에서 어떤 일을 하나요?

하하, 수업이 끝나면 맛있는 음식을 먹으러 갑시다. 하늘이가 아주 좋은 질문을 했어요. 단백질은 우리 몸에서 아주 많은 일을 한답니다.

우선, 단백질이 부족하게 되면 성장 장애가 일어나서 키가 잘 자라지 않습니다.

한창 자라나는 청소년들에게는 세포의 성장과 발달, 유지가 모두 중요하기 때문에 단백질이 많이 들어간 식품을 먹는 것이 좋아요. 그리고 성장이 다 된 후에도 몸을 구성하는 조직이 계속적으로 퇴화되고 재생되기 때문에 단백질은 일정량을 매일 섭취하는 것이 바람직하지요.

또한 몸속의 단백질은 출혈이나 화상을 입은 조직, 또는 수술로 인한 손상과 뼈 골절로 인해 파괴된 조직을 다시 만들어 주기도 합니다.

단백질은 항체를 만들고 우리 몸의 면역 기능을 좋게 만듭니다. 항체란 질병에 대한 저항력을 갖게 하는 물질이지요. 우리 몸은 세균, 바이러스 및 다른 좋지 않은 미생물들로부터 보호하기 위해 항체를 만들어 이용하는데, 적당량의 단백질을 섭취하지 못했다면 질병을 방지하기 위한 충분한 항체가 몸속에서 만들어지지 못한다는 말입니다.

또한 단백질은 몸 안에서 무기질 평형과 수분 평형을 조절한답니다. 예를 들면, 나트륨 이온은 단백질에 의해 세포 밖으로 옮겨지고, 칼륨 이온은 단백질에 의해 세포 안으로 옮겨집니다.

여러분, 혹시 경제적으로 어려웠던 시절에 먹을 것이 부족하여 얼굴이 부었다는 이야기를 들어 보았나요?

＿아니요, 처음 들어요. 보람이는 하룻밤 자고 나면 얼굴이 더 커져요. 그런 이유는 아니겠죠?

하하하, 그런 것은 아니에요. 단백질이 부족하면 얼굴이 보름달처럼 부어 보입니다. 즉, 단백질은 우리 몸의 수분 평형에 관여하는 주된 물질로, 단백질이 부족하면 부종이 나타나서 얼굴, 배, 팔다리 등이 붓고 푸석푸석하며 탄력이 없어 보인답니다.

좀 더 자세히 설명해 보지요.

단백질이 부족해서 이렇게 풍선 사람이 되었어요.

혈액 속에 있는 알부민과 글로불린 단백질은 분자량이 커서 모세 혈관을 빠져나갈 수 없기 때문에 혈관 내 삼투압을 높여 주는 역할을 합니다. 혈관 내 삼투압이 높아지면 조직으로 빠져나갔던 수분이 혈관으로 돌아와 부종이 일어나는 것을 막을 수 있답니다.

단백질은 양성 분자가 될 수도 있고, 음성 분자가 될 수도 있기 때문에 몸속의 환경 변화를 줄여 줍니다. 따라서 혈액 내에 일정한 pH(수소 이온 농도)를 유지할 수 있습니다. 혈액의 pH를 유지한다는 것은 심장이나 신경 기능을 원활하게 하기 위해서 혈액을 약알칼리로 유지한다는 것입니다.

단백질은 기본적으로 다음과 같은 구조를 갖고 있어요.

$$
\begin{array}{c}
NH_2 \\
| \\
R \;-\; C \;-\; COOH \\
| \\
H
\end{array}
$$

$COOH$는 산성 분자이고 $NH_2$는 염기성 분자로 체액을 중화시키는 데 중요한 역할을 한답니다.

피부, 머리카락, 손톱 등은 대부분 케라틴이라는 단백질로 되어 있어요. 뼈에도 단백질이 많지요. 그리고 동물의 근육은 70%가 물이며, 20%는 미오신, 액틴, 미오글로빈과 같은 단백질로 구성되어 있습니다.

또한 단백질은 우리 몸에 에너지를 줄 수 있답니다. 단백질 1g은 4kcal의 열량을 내는데, 우리의 신체는 단백질이 단백질 고유의 기능에 사용될 수 있도록 탄수화물과 지방에서 발생하는 열량을 먼저 사용합니다.

그러나 열병 상태나 물질 대사율이 증가하고 또는 단식 상태일 경우에 충분한 열량이 탄수화물과 지방에서 공급되지 못하면 단백질이 열량을 위해 사용됩니다. 그렇게 되면 단백질 고유의 기능을 하지 못하게 되고 신체 조직의 소모가 일어나 몸 상태가 좋지 않게 되지요.

__우아! 선생님, 우리 몸의 전부가 단백질로 되어 있는 것 같아요.

그렇게 생각할 수도 있지요. 왜냐하면 우리 몸을 구성하는 영양소 중 물을 제외한 고형 성분으로 가장 양이 많은 영양소이니까요.

단백질은 영어로 'protein'이고 그리스 어로 '제1의 것'이라는 의미를 가진 'protos'에서 유래된 이름이에요. 그것은 단백질이 우리 몸에서 가장 중요한 영양소라는 뜻이기도 하지요. 그러니 단백질이 하는 일은 당연히 많겠지요?

단백질은 동식물의 조직에 있는 모든 세포의 구조를 만들고, 특별한 기능을 위해서 필수적인 역할을 담당하고 있으며, 모든 생물이 단백질 없이는 생명을 유지할 수 없어요. 그렇기 때문에 단백질은 우리 몸에 꼭 필요한 영양소랍니다.

아마 단백질의 역할 중 가장 으뜸은 질병으로부터 막는 역할을 하는 항체라는 것입니다. 단백질은 면역 반응에 참여하는 세포들의 주요 구성 성분이 되며 항체의 재료가 됩니다. 단백질 섭취가 충분하지 못하면, 면역 작용이 활발하게 이루어지지 않기 때문에 전염병에 걸릴 수 있을 뿐만 아니라 암이나 순환기 질환 등이 악화되기도 하거든요.

단백질의 역할은 또 있습니다. 혈액도 헤모글로빈과 같은

색소 단백질로 되어 있는데, 혈액 단백질은 여러 가지 영양소와 산소 등을 운반하며, 세포막에 포함되어 있는 단백질들을 세포 안으로 끌어들이고 세포 안에서 발생한 노폐물을 밖으로 밀어낸답니다.

효소와 호르몬도 단백질로 구성되어 있답니다. 먹은 음식을 소화시키는 일을 하는 것이 효소인데, 그것도 단백질로 되어 있다는 것이지요. 효소는 단백질 촉매로서 몸속의 화학 반응 속도를 빠르게 해 준답니다. 예를 들어, 위액에는 펩신이라는 소화 효소가 있고, 이자에는 트립신과 키모트립신이 있어서 큰 물질들을 작게 분해시켜 주는 역할을 합니다.

호르몬은 몸속에서 외부 환경에 적응하여 일정한 항상성을 유지하는 데 필요한 생체 반응을 조절하는 역할을 합니다. 예를 들어 갑상샘 호르몬인 티록신이나 부신 속질 호르몬인 아드레날린, 이자에서 분비하여 혈당 유지를 하는 인슐린 등도 모두 단백질로 된 호르몬이지요.

＿몸 안에서 단백질이 하는 역할이 참 많네요! 선생님의 설명을 들으니 단백질이 참 중요한 것 같아요.

그러나 단백질도 약점이 있어요. 비효율적인 에너지원이라는 거예요.

＿비효율적인 에너지원이요?

네, 그렇습니다. 탄수화물이나 지방과는 달리 단백질은 에너지원으로 사용된 후에 노폐물이 발생하므로, 이를 제거하기 위해 간과 신장에서의 대사가 필요합니다.

다시 말하면 아미노산 대사 중 질소 원자는 분해될 때 암모니아가 되는데, 이것이 몸 안에 축적되면 독성을 띠므로 암모니아를 요소로 바꿔서 소변으로 배설시키는 것이지요.

＿ 선생님, 조금 전에 질소 원자라고 하셨는데, 단백질에도 질소가 있나요?

앞에서 배운 탄수화물의 구성 원소를 기억하나요?

＿ 네. 탄소(C), 수소(H), 산소(O)로 되어 있다고 하셨어요.

보람이가 열심히 들었네요. 단백질은 위의 원소들에 하나가 더 추가되는데 알고 있나요?

＿ 질소(N)인가요?

그래요. 맞혔어요. 조금 어렵게 느껴질 수도 있겠지만 단백질 구성을 화학적으로 말해 보겠어요.

단백질은 위를 통과하는 동안 소화되기 쉬운 형태로 변화되어 분해되기 시작하며, 소장에서 아미노산으로 완전히 분해된 후 체내로 흡수됩니다.

단백질을 구성하는 기본 성분은 아미노산입니다. 질소를 함유하고 있는 아미노산은 탄소에 카복시기(COOH)와 아미노기($NH_2$)를 갖고 있고, 아미노산들은 펩타이드 결합을 형성하여 연쇄적으로 수백 수천 개의 아미노산이 연결되어 단백질을 만들고 있어요.

다음 그림을 볼까요?

$$
\begin{array}{ccccc}
 & & NH_2 & & \\
 & & | & & \\
H & - & C & - & COOH \\
 & & | & & \\
 & & H & &
\end{array}
$$

위의 것은 글라이신이란 중성 아미노산입니다.

$$
\begin{array}{ccccc}
 & & NH_2 & & \\
 & & | & & \\
H_3C & - & C & - & COOH \\
 & & | & & \\
 & & H & &
\end{array}
$$

위의 것은 알라닌이란 중성 아미노산이지요. 어때요? 글라이신과 알라닌은 조금 다르게 생겼지요?

단백질에 있어 아미노산은 중요하므로 좀 더 얘기해 볼까요?

사실상 모든 아미노산들이 우리 몸의 조직을 만들고 유지하는 데 있어서는 필수적입니다. 몇몇 아미노산들은 인체에서 합성할 수 없으므로 반드시 음식으로 섭취해야만 하는데, 이를 필수 아미노산이라 한답니다.

＿선생님, 단백질을 합성하기 위해서는 아미노산이 있어야한다는 말씀이시죠?

그래요. 단백질 합성을 위해서는 반드시 필수 아미노산이 있어야만 하지요.

그러나 식품 속의 단백질에는 일부 필수 아미노산이 없거나 적게 들어 있는 것이 있는데, 이렇게 아미노산의 비율이 낮은 것을 제한 아미노산이라고 해요. 제한 아미노산은 식품속에 들어 있는 단백질에 따라 다르답니다. 아미노산이 부족한 식품은 아미노산이 풍부하게 들어 있는 다른 식품을 먹음으로써 상호 보완 작용을 통해 완전 단백질을 얻을 수 있는 거지요.

세르만이라는 사람의 실험을 예로 들어 볼게요. 세르만은 우유로 반죽한 빵, 우유에 물을 섞어 반죽한 빵, 물만으로 반죽한 빵을 쥐에게 먹여 성장 상태를 관찰했답니다. 그리고 결과를 보았더니, 우유로 반죽한 빵을 먹은 쥐는 정상적으로

우유로
반죽한
빵

물과 우유로
반죽한 빵

물만으로
반죽한 빵

성장했으나, 물과 우유로 반죽한 빵을 먹은 쥐는 더디게 성장했으며, 물만으로 반죽한 빵을 먹은 쥐는 성장이 거의 되지 않았습니다.

그 결과가 의미하는 것은 다음과 같아요.

빵은 밀로 만들고 밀과 같은 식물성 단백질은 대체적으로 라이신이라는 필수 아미노산이 부족한 반면 함황 아미노산은 풍부합니다. 또한 우유에는 함황 아미노산이 부족하고 라이신은 풍부하답니다. 그러므로 두 식품을 섞어 먹는다면 서로 부족한 아미노산이 보완이 되겠지요?

자, 그럼 이쯤에서 질문을 하겠어요. 단백질 합성을 위해서는 무엇이 필요할까요?

— 아미노산이요.

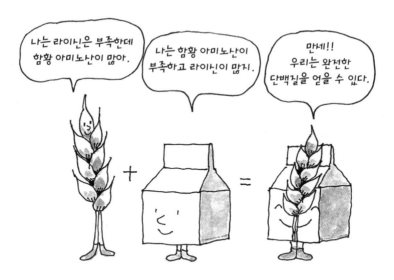

　그래요. 단백질의 합성은 모든 아미노산이 같이 있을 때 일어납니다. 그리고 아미노산들은 결합하여 분자량이 거대한 큰 단백질을 만들어요.

　단백질 합성 과정을 간단히 요약해 봅시다.

　첫 번째, 핵에 항상 존재하는 DNA는 고유의 유전 정보를 가지고 있고, 이 유전 정보에 의하여 DNA는 핵 내에서 mRNA라는 물질에 유전 정보를 전달한다.

　두 번째, mRNA는 핵을 떠나 소포체를 통해 리보솜에 이동하여 단백질을 합성하는 틀을 만든다. 이미 활성화된 아미노산들이 각각의 아미노산이 갖고 있는 고유의 tRNA와 결합하여 단백질 합성에 필요한 위치에 나열된다.

세 번째, 활성화된 아미노산과 결합한 tRNA는 두 번째 단계에서 형성된 리보솜의 틀에 놓인 mRNA에 그들의 아미노산을 자기 위치에 맞는 장소로 순서에 맞게 계속 운반한다.

네 번째, 활성화된 아미노산이 연결되어 자기 고유의 유전 정보를 DNA에서 받아 복합적으로 결합한다.

다섯 번째, 새롭게 형성된 복합체는 리보솜에서 분리되고 tRNA는 mRNA 틀에서 나와 새로운 단백질을 합성할 준비를 하게 된다.


여러분은 개발도상국가 어린이들이 뼈만 앙상하게 남아 있는 모습의 사진을 본 적이 있나요? 아프리카와 일부 아시아, 라틴 아메리카 지역에 사는 어린이들에게서 많이 볼 수 있는 그러한 모습은 콰시오커(kwashiorkor)라는 단백질 결핍증과 마라스무스(marasmus)라는 단백질·열량 결핍증이 나타난 것입니다.

단백질 결핍과 관련된 질병에 대해서 한 가지 더 이야기해 보면 페닐케톤뇨증(PKU)이라는 질병인데, 이 병은 필수 아미노산인 페닐알라닌의 분해 효소가 결핍되어 페닐알라닌이 혈액 중에 쌓이고 결국은 소변으로 배설된답니다. 페닐알라

## 과학자의 비밀노트

### 콰시오커

대개 경제적으로 빈곤한 국가에서 볼 수 있으며 필수 아미노산을 포함하고 있는 단백질 영양 결핍증이다. 주된 증상은 근육이 빈약하고 성장이 잘되지 않으며, 신경 장애나 소화 흡수 장애가 일어나고, 손발이 꼬이며 피부에는 부스럼이 생기고, 머리털은 갈색으로 변하고 자라지 않는다. 더 악화되면 붓기도 한다.

### 마라스무스

이유기와 유아기의 어린이에게 많이 발생한다. 피부와 머리털, 간 기능은 비교적 정상이나 주름이 많고 피부와 뼈만 남아 있는 상태로 심하게 몸이 마른다. 콰시오커와 같은 부종은 없으나 식이 요법을 빨리 하지 않으면 소화계 질환과 감염까지 겹쳐서 죽음에 이르는 수가 많다.

닌은 치즈와 고기류 음식에 많이 들어 있기 때문에 페닐케톤뇨증을 앓는 경우에는 이러한 음식을 마음대로 먹지 못한답니다.

페닐케톤뇨증을 가진 아이는 태어난 지 3~5개월 정도에도 주위 환경에 무관심하여 반응을 보이지 않고, 1살이 되면 지능 저하를 보입니다. 즉, 뇌 기능과 지능 발달에 이상이 생기는 유전병입니다.

반면 고기류를 너무 많이 먹어 단백질을 과다 섭취하게 되었을 경우에는 체온이 증가하고 혈압이 점차로 올라가며 피로가 쉽게 몰려옵니다. 그리고 단백질의 분해물 증가로 많이 만들어진 요소를 배설하기 위해 신장에 심한 부담을 주어 신장병에 걸리기 쉬우며 요독증이 일어나기도 합니다. 또한 칼슘을 많이 배설시켜 뼈엉성증에 걸리기도 쉽답니다. 고기에는 제거할 수 없는 지방 성분이 많아서 지나치게 많이 먹으면 비만이 되기 쉽고, 심장 혈관 질환이나 암 등의 위험 요인이 될 수도 있어요.

마지막으로 필수 아미노산과 비필수 아미노산에 대해 조금 더 알아보기로 해요.

몇몇 아미노산들은 인체에서 합성할 수 없고 반드시 음식에서 공급되어야만 하기 때문에 필수 아미노산이라고 합니다. 필수 아미노산은 류신, 아이소류신, 발린, 라이신, 트립토판, 트레오닌, 메티오닌, 페닐알라닌의 8종으로 알려져 있습니다. 반면, 몸속에서 만들 수 있는 아미노산을 비필수 아미노산이라고 하지요.

다음 시간에는 지방에 대해 알아보겠습니다.

어서 밥 먹으라니까!

헛둘, 헛둘.

지금 운동하느라 밥 먹을 시간 없어. 나도 멋진 근육남이 될 거라고!

근육질의 멋진 몸매를 가진 사람들의 비결은 적당량의 단백질을 섭취해 주는 거예요.

단백질이요?

같은 체중이라도 체지방에 비해 단백질로 구성된 근육이 많은 사람이 훨씬 날씬하고 균형 잡힌 몸매로 보이지요.

단백질이 우리 몸에서 어떤 일을 하는데요?

단백질 근육

단백질이 부족하면 성장 장애가 일어나서 키가 잘 자라지 않아요. 또 몸속 단백질은 출혈이나 화상을 입은 조직과 뼈 골절로 인해 파괴된 조직을 다시 만들어 주지요.

정말이에요?

다시 만들어서 채우자!

또한 단백질은 항체를 만들어 우리 몸의 면역 기능을 좋게 만들어 주고, 몸 안에서 무기질 평형과 수분 평형을 조절하지요.

몸 안에서 단백질이 하는 역할이 참 많네요.

항체를 만들자!

그럼 단백질을 얻으려면 무엇을 먹으면 되나요?

쇠고기, 돼지고기, 닭고기와 생선, 우유, 치즈, 달걀 등이 우수한 단백질 식품이지요. 콩 역시 단백질이 35~40%나 들어 있는 주요한 단백질 식품이에요.

Milk

# 지방 이야기

지방산과 글리세린이 결합한 유기 화합물을 지방이라고 합니다.
우리 몸에 필요한 에너지원인 지방에 대해서 알아봅시다.

# 5

다섯 번째 수업
## 지방 이야기

에이크만이
버터와 마가린을 가져와서
다섯 번째 수업을 시작했다.

에이크만이 버터와 마가린을 학생들에게 들어 보이며 질문을 했다.

버터와 마가린은 같은 것일까요, 다른 것일까요?

__똑같이 빵에 발라 먹으니 같은 것 아닌가요?

__그래도 맛은 다르니까 다른 것이라고 생각됩니다.

맞아요. 버터와 마가린은 서로 다른 것이지만 둘 다 지방
식품이에요.

지방 식품은 사람들에게 맛을 높여 주지요. 그래서 식품학
자들은 식품 속의 지방을 변형시키는 방법을 개발해 왔습니

다. 버터나 마가린도 식품 속의 지방을 변형시킨 것으로 빵에 발라 먹어서 풍미를 높여 주지요.

버터의 주원료는 우유입니다. 우유 안에 포함된 동물성 지방을 분리해 내어 응고시킨 식품입니다. 반면 마가린은 인조 버터라고도 하는데 면실 야자, 콩, 옥수수 등 식물성 지방이 주원료입니다. 식물성 지방은 주로 불포화 지방산이 많이 함유되어 있는데, 여기에 수소를 첨가시켜 가공하면 포화 지방산으로 됩니다.

__아, 그러니까 마가린은 식물성이고, 버터는 동물성이라는 말씀이군요.

__선생님, 그럼 식물성 지방으로 만든 마가린이 우리 몸엔 더 좋겠네요?

아니요, 그렇지 않습니다. 흔히들 마가린이 버터보다 몸에 좋다고 생각할 수 있습니다. 앞에서도 말했다시피 마가린은 식물성 지방으로 만들어진 것이라 생각하기 때문이죠. 물론 식물성 지방에는 우리 몸에 좋은 불포화 지방산이 많이 들어 있어요. 그런데 이 불포화 지방을 억지로 수소와 결합시켜서 고체로 만드는 과정 중에, 포화가 일어나지 않는 불포화 지방산이 가지고 있는 이중 결합의 기하학적인 형태가 cis형에서 trans형으로 바뀌어 트랜스 지방이 만들어지게 됩니다.

아! 너무 어려웠나요? 좀 쉽게 풀어 보면, 액체 상태의 식물성 기름을 마가린이나 마요네즈로 가공할 때 공기 속에 오래 방치되어 산성이 되면 불쾌한 냄새가 나고, 맛이 나빠지거나 빛깔이 변하는 현상을 막기 위해 수소를 첨가하는데, 이 과정에서 만들어지는 지방산을 말해요. 이러한 트랜스 지방은 나쁜 콜레스테롤의 수치를 높이고 좋은 콜레스테롤의 수치를 낮추어서 혈관을 좁게 하여 심근경색, 협심증, 뇌졸중의 위험을 높이고 암을 발생시킨답니다.

그런데 우리는 얼마나 트랜스 지방을 섭취하고 있을까요? 팝콘 한 봉지에는 24.9g, 감자 튀김 한 봉지에는 4.6g의 트랜스 지방이 들어 있는데, 성인의 경우 하루에 2.2g을 넘어서는 안 되고 아이들의 경우 1.8g을 넘게 먹어서는 안 된답니다. 그러니 우리가 하루에 얼마나 많은 트랜스 지방을 먹고 있는

지 알겠지요?

지방 식품에는 육류의 기름 부분, 식용유 그리고 호두·땅콩과 같은 견과류 등이 있습니다. 과일이나 야채류에는 지방이 거의 없지만 조리 과정이나 가공 과정 중에 첨가되는 지방도 무시할 수 없습니다. 예를 들면, 감자튀김에는 많은 지방이 들어 있어 칼로리를 높일 뿐만 아니라 비만의 원인이 될 수도 있습니다. 여러분도 튀김류를 좋아하지요?

__네! 프라이드치킨, 햄버거, 돈가스, 오징어튀김, 감자튀김 등 모두 다 맛있어요.

그런 식품들은 칼로리가 높은 것도 알고 있나요? 탄수화물과 단백질은 1g에 4kcal의 열량을 내지만, 지방은 그것들의 2배 이상인 1g에 9kcal의 열량을 낸답니다. 예를 들면, 닭다리를 물에 삶았을 때는 열량이 125kcal 정도이지만, 닭다리를 기름에 튀긴 것은 180kcal 정도가 된답니다.

우유에도 지방이 들어 있어요. 버터도 우유의 지방 성분으로 만든다고 했던 것을 기억하지요? 그래서 사람들은 식품 가공 기술을 이용하여 지방을 제거하는 방법을 개발하여 왔답니다. 탈지유가 바로 그 예입니다. 탈지유에는 지방이 거의 없어요.

__지난번에 탈지 우유를 먹어 본 적이 있었어요. 그런데

별로 맛이 없던데…….

그래요. 지방이 맛을 돋워 주니까 지방을 빼면 맛이 나지 않아요. 탈지유로부터 배양되어 만들어진 요구르트도 거의 지방이 없어요. 또한 일부 탈지된 우유로 만들어진 모차렐라 치즈, 리코타 치즈, 저지방 커티지 치즈는 전지유로 만들어진 것보다 지방이 적게 들어 있어요.

그러나 아이스크림은 유지방으로 만들었지요. 아이스크림 반 컵 정도에 지방이 50% 정도 들어 있고, 칼로리로 따지면 210kcal 정도나 된답니다. 그러니 이제 아이스크림도 알맞게 먹어야 하겠죠?

지방은 지질이라고도 부르는데, 물에는 녹지 않고 아세톤, 알코올, 벤젠 등에는 녹는 화합물입니다. 지방의 종류에는 지방산, 중성 지방, 인지질, 콜레스테롤이 있습니다.

─아! 콜레스테롤이란 말은 들어 봤어요. 콜레스테롤이 많으면 몸에 나쁜 거지요, 선생님?

그렇게 단순히 말할 수 있는 것이 아닙니다. 설명을 잘 들어 보세요.

우리 몸속에는 식품으로부터 흡수된 콜레스테롤만 존재하는 것이 아닙니다. 몸속에서 만들어지는 콜레스테롤도 있습니다. 특히 간에서는 많은 기능을 할 수 있도록 충분한 콜레스테롤을 미리 생산한답니다. 그러나 콜레스테롤이 들어 있는 음식이 많이 섭취되면 상대적으로 간에서는 콜레스테롤을 조금만 생산하게 됩니다. 그러면 우리 몸은 왜 콜레스테롤을 만들어야 하는 걸까요?

작은창자(소장)에서는 담즙이 지방의 흡수를 준비하는 중요한 역할을 한답니다. 담즙은 황록색의 액체로서 간에서 합성되는데, 지방이 섭취될 때 담낭에서 소장으로 보내집니다. 그런데 이 담즙에는 콜레스테롤이 있어요.

또한 콜레스테롤은 세포막을 구성하며 신경 보호막과 스테로이드 호르몬, 비타민 D를 생성하도록 유도하는 물질이랍니다. 콜레스테롤은 이렇게 유용하게 쓰입니다. 그러니까 우리가 인식하는 것처럼 무조건 나쁜 것만은 아니에요.

콜레스테롤에는 나쁜 콜레스테롤과 좋은 콜레스테롤이 있답니다. 그들을 LDL(저밀도 지단백질) 콜레스테롤과 HDL(고밀도 지단백질) 콜레스테롤이라고 하지요. 여기서 지단백질이란 지방과 단백질이 결합된 상태를 말합니다.

LDL은 나쁜 콜레스테롤이라고 불리는데 동맥 경화의 원인이 됩니다. 왜냐하면 이것들에 의해 운반되는 과다한 콜레스테롤이 동맥에 유해한 퇴적물을 축적시키기 때문입니다.

혈액 내에 LDL이 있다는 것은 극히 정상적인 지방 대사가 이루어지고 있는 상태이긴 하지만, LDL은 콜레스테롤과 다른 지방을 말단 세포로 이동시킨 다음 세포 표면에 존재하는 물질(LDL 수용체)과 작용하여 지방을 세포 내에 저장시키는 역할을 합니다.

LDL이 주로 작용하는 대상으로 삼고 있는 것은 체세포 중에 혈관 조직의 내막 세포이므로, 혈액 내 LDL 콜레스테롤이 얼마나 쌓여 있느냐 하는 것은 동맥 경화가 될 확률과 관련이 있다는 것을 말해 준답니다.

혈액 내에 있는 HDL의 역할은 LDL과는 반대라고 알려져 있어요. HDL의 중요한 기능은 세포 내에 쌓여 있는 콜레스테롤과 다른 지방 단백질 같은 물질을 간으로 이동시켜 담즙을 통해 배설시키는 것이에요. 이런 이동 작용이 원만하게 이루어지면 혈관의 동맥 내막 세포 내에 콜레스테롤이 쌓이는 것을 막아 줍니다.

그러나 혈액 내에 LDL 콜레스테롤이 많으면 혈관이 좁아져서 혈관을 막히게 할 수도 있으며 혈압을 증가시키고 힐관 파열을 일으킬 수 있습니다.

콜레스테롤이 많이 들어 있는 식품은 달걀노른자, 간, 오징어 등인데 콜레스테롤은 하루에 300mg 이하를 섭취하도록 권하고 있답니다. 300mg이면 달걀 1개 반 정도입니다.

여러분은 생선을 잘 먹나요?

__저는 고등어조림, 갈치구이 다 잘 먹어요.

__저는 생선은 비린내 때문에 먹기가 싫어요.

에스키모 인이나 일본인들이 서양인에 비해 심장병 질환의 발병률이 낮은 이유는 생선을 많이 먹기 때문이에요.

__생선에 어떤 영양소가 있나요?

생선에는 EPA나 DHA 등의 오메가3(w3) 지방산이라고 하는 것이 많이 들어 있어요. 생선에 들어 있는 EPA나 DHA 등의 오메가3 지방산은 심장병이나 암의 예방에 좋습니다. 특히 DHA는 어린이의 두뇌 발달에도 좋다고 합니다.

생선 기름에 많이 들어 있는 오메가3 지방산은 적혈구 세포가 끈적끈적하게 붙는 것을 없애고, 맑고 유연성을 높여 주는 물질인 프로스타글란딘의 생산을 촉진시킵니다. 이 물질은 혈관에 혈액 응고물과 같은 것을 감소시키기 때문에 심장병 발병률을 낮춰 준답니다.

지방산은 이중 결합의 수에 따라 포화 지방산과 불포화 지방산으로 나눕니다.

포화 지방산은 실온에서 고체 상태이며, 불포화 지방산은 액체 상태인 기름입니다.

그런데 지방의 섭취가 비만을 부른다고 하여 무조건 먹지 않는 것은 옳지 않습니다. 전체 열량의 20~30% 정도는 지방으로 식사를 해야 합니다.

지방을 무조건 줄이는 것이 좋지 않다는 것을 다음의 흰쥐 실험을 통해 알 수 있어요.

지방을 완전히 제거하고 먹이를 준 흰쥐 그룹과 적당한 양의 지방이 든 먹이를 준 흰쥐 그룹을 비교해 보았습니다. 그 결과 지방을 완전히 제거한 먹이를 준 흰쥐 그룹에서는 성장이 정지되고 피부염과 신장병이 발생하여 죽었습니다. 이것으로 보아 지방이 열량이 되는 영양소 외에 다른 역할도 한다는 것을 알 수 있지요. 이 실험은 우리 몸에 유익한 역할을 하는 필수 지방산의 중요성을 알 수 있는 실험입니다.

필수 지방산이 중요한 구성 성분으로 되어 있는 인지질인

우리는 정상적으로 잘 자란답니다.

우리는 성장이 멈추고 피부염과 신장병이 생겼어요.

지방과 함께 정상적인 먹이를 준
흰쥐 그룹

지방을 제거한 먹이를 준
흰쥐 그룹

레시틴 등은 세포막과 세포 내의 대사와 기능의 유지에 관여하기 때문에 매우 느린 속도로 대사 과정이 진행되고 체내에 오래도록 보유됩니다. 그것은 습진성 피부염을 완화시키는 데 다른 지방산보다 효과적이에요. 또한 필수 지방산은 혈액 속에 나쁜 콜레스테롤의 농도를 저하시켜 동맥 경화를 예방하는 효과도 갖고 있어요.

　__ 같은 지방인데 필수 지방산이 콜레스테롤을 감소시킬 수 있다니 놀라워요.

　__ 알면 알수록 복잡하면서도 신기해요. 선생님, 필수 지방산에 대해서 더 자세히 알려 주세요.

　좋아요. 내 이야기를 잘 들어 보세요.

　필수 지방산이란 불포화 지방산 중 체내의 대사 과정에 중요한 역할을 담당하는 것으로, 신체의 성장과 여러 생리적 과정의 정상적인 기능 유지를 위하여 동물의 체내에서 생성 혹은 합성되지 않거나 불충분한 양만이 합성되는 지방산입니다. 리놀레산, 리놀렌산, 아라키돈산 등이 대표적인 필수 지방산이에요.

　리놀레산은 채소와 식물성 기름(옥수수 기름)에 들어 있고 피부병을 막아 주는 인자와 성장 인자를 갖고 있어요. 또한 리놀렌산은 들기름과 콩기름에 들어 있으며 성장 인자를 갖고 있지요. 마지막으로 아라키돈산은 동물의 지방에 있고 피부병을 막아 주는 인자를 갖고 있어요.

이들 필수 지방산은 심장과 혈관의 근육 수축을 조절하고 정상적인 혈압을 유지시킵니다. 또한 습진성 피부염을 완화시키는 데 다른 지방산보다 효과적이며, 콜레스테롤의 농도를 감소시켜 동맥경화를 예방하는 효과가 있습니다.

지방에 대한 수업은 여기까지입니다. 다음 시간에는 비타민에 대해 알아보겠어요.

### 과학자의 비밀노트

**필수 지방산의 중요성**

필수 지방산이 부족한 식사를 장기간 지속하면 피부가 거칠어지고 출혈이 잦으며 신장도 제 기능을 하지 못한다. 생식 능력 또한 감소되며, 어린이의 경우 성장이 늦춰지기도 한다.

선생님, 콜레스테롤이 많으면 몸에 나쁜 거지요?

그렇게 단순히 말할 순 없어요. 콜레스테롤에는 나쁜 콜레스테롤과 좋은 콜레스테롤이 있기 때문이지요.

LDL은 나쁜 콜레스테롤이라고 불리는데 동맥 경화의 원인이에요. 왜냐하면 이것들에 의해 운반되는 과다한 콜레스테롤이 동맥에 유해한 퇴적물을 축적시키기 때문이지요.

동맥 경화, 많이 들어 봤어요.

↑LDL

혈액 내 LDL 콜레스테롤이 얼마나 쌓여 있느냐 하는 것은 동맥 경화가 될 확률과 관련이 있다는 것을 말해 주지요.

그럼 좋은 콜레스테롤은 어떤 것인가요?

바로 HDL이라 불리는 콜레스테롤인데, LDL과는 반대의 역할을 한다고 알려져 있어요.

어떤 역할을 하는데요?

동맥 경화 확률 큼.

우린 하는 일이 서로 달라!

LDL          HDL

세포 내에 쌓여 있는 콜레스테롤과 지방 단백질을 담즙을 통해 배설시켜 동맥에 콜레스테롤이 쌓이는 것을 막아 주지요.

콜레스테롤이 쌓이는 걸 막아 줘서 좋은 콜레스테롤이군요.

좋은 콜레스테롤이 많이 들어 있는 식품에는 어떤 것이 있나요?

달걀노른자, 간, 오징어 등인데 콜레스테롤은 하루에 300mg 이하를 섭취하도록 권하고 있지요. 300mg이면 달걀 1.5개 정도예요.

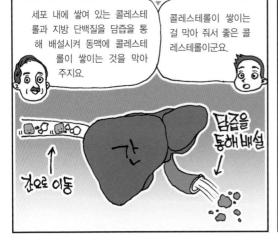

간

간으로 이동

담즙을 통해 배설

하루 300mg 이하 섭취 권장

# 6

# 비타민 이야기

비타민은 주 영양소는 아니지만 정상적인 발육과 영양을
유지하는 데 없어서는 안 되는 유기 화합물입니다.
비타민의 역할과 종류에 대해 알아봅시다.

# 6

# 비타민 이야기

에이크만이
그동안 배운 내용을 언급하며
여섯 번째 수업을 시작했다.

　앞에서 우리는 탄수화물, 지방, 단백질의 3대 영양소에 대해 배웠습니다. 오늘은 비타민에 대한 이야기를 할 거예요.

　__와! 비타민이요? 저희 집에서는 저를 '비타민'이라고 하는데요. 아빠가 제 목소리를 들으면 하루가 즐겁다고 하셨어요. 그런데 왜 하필 다른 애칭 말고 '비타민'이라고 부르시는지는 잘 모르겠어요.

　아, 그래요? 사람들은 때때로 집안의 활력소라는 의미로 '비타민'이라는 애칭을 쓴답니다.

　__선생님, 비타민 영양제는 무조건 많이 먹을수록 좋은 건

가요?

비타민 영양제가 몸에 좋긴 하지만 하루에 먹어야 할 양이 정해져 있어요. 너무 많이 먹으면 독성이 생기거든요. 영양제를 하루에 몇 알 정도 먹어야 하는지 병에 쓰여 있을 거예요.

그럼, 지금부터 이제부터 비타민에 대한 수업을 시작하겠어요.

비타민은 3대 영양소인 탄수화물, 지방, 단백질과는 달리 우리 몸에서 매우 적은 양을 필요로 하는 미량 영양소이고, 신체 대사에 조절 요소로 작용하는 조절 영양소입니다. 세포는 특수 대사 기능에 필요한 물질을 합성하지 못하기 때문에 반드시 식품이나 비타민제를 통하여 섭취해야 하지요.

비타민은 에너지를 주어 직접 힘을 내게 하지는 않지만 탄수화물, 지방, 단백질의 에너지 대사 과정에 들어가서 작용합니다.

에너지 대사 과정뿐만 아니라 비타민은 세포 분열, 시력, 성장, 상처 치료, 혈액 응고 등 우리 몸의 여러 과정에 참여하기 때문에 비타민이 부족하면 식품의 소화와 이용이 원만하게 이루어지지 않고, 식욕도 떨어지며 건강과 활력을 잃게 됩니다.

__아, 그래서 아빠가 나를 보고 비타민이라고 했구나. 아빠에게 활력이 되니까! 선생님, 엄마가 그러시는데 선생님은

비타민 박사님이시래요.

그것은 내가 쌀겨에서 B인자를 분리해 내었고 그 인자가 생명 유지에 꼭 필요한 것이므로, 생명 유지에 필요하다는 'amine'이라는 말을 붙여 부르면서 그렇게 된 것이지요.

비타민은 녹는 성질에 따라 지용성 비타민과 수용성 비타민으로 분류합니다. 지용성 비타민은 기름에 잘 녹고, 수용성 비타민은 물에 잘 녹는답니다.

예를 들어, 당근에는 비타민 A가 들어 있어요. 비타민 A는 지용성 비타민이에요. 그래서 당근을 기름에 볶아서 먹는다면 당근의 비타민 A가 기름에 녹아서 몸속으로 잘 흡수될 수 있지요.

수용성 비타민은 포화량이 있어서 많이 먹게 되면 오줌으로 배출되므로 결핍증을 일으키기 쉬워요. 반면 지용성 비타민은 몸에 축적되므로 과잉 증세가 나타나기 쉽답니다.

또한 수용성 비타민은 혈액, 조직액 등의 체액 중에 녹아 분포되어 있고, 지용성 비타민은 세포막 조직과 같은 구조에 분포되어 있습니다.

지용성 비타민의 종류에는 A, D, E, K가 있어요. 지용성 비타민의 화학 구조는 서로 비슷합니다. 화학 구조의 한쪽에 벌집 모양 같은 환이 있고 여기에 탄화수소 사슬이 연결된 모양을 하고 있습니다.

지용성 비타민은 소변으로 배설되지 않고 담즙으로 배설되며 몸속에 상당량 저장될 수 있어요. 또한 지방 섭취와 관련이 많아요. 따라서 지방 대사에 이상이 생기면 지용성 비타민에서도 비슷한 효과가 나타납니다.

먼저 비타민 A에 관해 살펴보지요.

1912년에 홉킨스(Frederick Hopkins, 1861~1947)는 우유 중에 동물을 성장시키는 인자가 있음을 알게 되었어요. 그후 그 인자가 버터, 달걀노른자, 대구간유 등에도 있다는 것을 알았지요. 기름에 녹는 성질이 있었으므로 이 인자를 지용성 A라고 불렀고, 후에 이것이 비타민 A가 되었답니다.

비타민 A에는 여러 물질들이 포함되는데, 대표적인 것이 동물성 식품에 들어 있는 레티놀과, 식물성 식품에 들어 있는 주황색 색소인 카로티노이드입니다. 카로티노이드는 몸 안에서 비타민 A로 바뀌는데, 그중 가장 활성이 높은 것이 베타카로틴(β-carotine)이지요.

레티놀이 풍부한 식품은 동물의 간과 생선간유이며, 전지분유와 달걀에도 많이 들어 있어요. 베타카로틴이 풍부한 식품은 당근과 시금치와 같은 녹색 채소와 해조류입니다.

비타민 A의 섭취가 부족해서 생기는 가장 흔한 증상은 야맹증과 안구 건조증이지만, 이런 증상이 나타나지 않더라도 비타민 A 부족 상태인 아동들은 전 세계적으로 1억 명이 넘습니다. 야맹증인 사람들은 밝은 광선 속에서 어두운 곳에 들어갔을 때 시각이 둔해지는 증세를 보이게 됩니다.

좀 더 자세히 설명하면 이렇습니다. 빛에 대한 눈의 감각은 밝은 빛을 느끼는 추상체와 어두운 빛을 느끼는 간상체에 의한 것입니다. 그런데 비타민 A는 간상체에 함유된 색소 단백질인 로돕신의 구성 성분이지요.

이 로돕신에 빛이 비치면 비타민 A가 트랜스 레티날이란 물질로 바뀌어 떨어져 나가고 여러 화학 반응을 거쳐 로돕신을 재생하게 됩니다. 그런데 비타민 A가 부족하면 로돕신의 생성량이 감소되고 어두운 빛에 대한 감지 능력이 약해져서 야맹증이 되는 겁니다.

＿선생님, 우리 형이 며칠 전에 안과에 다녀왔는데요, 의사 선생님이 각막 건조증이라고 했대요. 각막 건조증이 무엇인가요?

각막 건조증은 비타민 A 결핍증의 하나로 각막이 건조해지

고 눈물의 분비가 멈추면서 세균이 쉽게 침입하여 염증을 일으켜 실명까지 될 수도 있는 질병입니다. 아마 컴퓨터를 많이 사용하여 눈을 피로하게 한 것이 원인일 수도 있어요.

또한 비타민 A가 부족하면 아동의 성장에도 방해가 됩니다. 어린이들이 비타민 A의 섭취가 부족하면 뼈가 잘 자라지 않을 수 있어요. 이때 특히 주의해야 할 것은 중추 신경계를 다칠 수 있다는 것인데, 어린이들은 뼈 조직보다 연조직이 더 빨리 성장하기 때문에 제대로 성장하지 못한 두개골과 척추 속에서 뇌와 척수가 압박을 받게 되어 신경 계통이 마비되고 운동 능력을 잃어버릴 수도 있습니다.

__ 선생님, 비타민 A를 많이 먹으면 어떻게 되나요?

모든 것은 지나치게 과하면 좋지 않아요. 비타민 A는 체내 저장이 가능하므로 결핍증이 나타나는 것은 매우 드물고, 다만 오랜 기간 동안 섭취하지 않았을 때 결핍으로 인한 증상이 나타납니다.

반면 비타민 A를 많이 섭취했을 때는 그로 인한 부작용이 매우 복합적으로 나타나며 특히 어린이의 경우에 심합니다. 비타민 A의 과다 섭취하면 피로감이 쉽게 오고, 두통이 생기며, 구역질과 설사가 나고, 식욕이 떨어지며 체중이 감소하는 등의 증상이 나타나고, 심하면 뼈가 약해지고 간경화를 일으

킬 수도 있지요.

또한 매일 많은 양의 카로티노이드를 섭취할 경우 피부, 특히 손바닥과 발바닥이 노랗게 변할 수도 있답니다.

__선생님, 저희 어머니께서 어렸을 적 친구 분 중에 착하고 공부도 잘했던 친구 분이 계셨는데, 그 친구 분은 등 쪽의 뼈가 구부러져서 키도 작고 몸도 약하셨대요. 그래서 학교도 자주 못 나왔는데 손재주가 아주 좋아서 종이 접기도 잘하고 뭐든지 잘 만들었다고 하셨어요.

무슨 병인지 보지 않고 한 가지로 단정짓기는 어렵지만, 어머님의 친구 분은 다음에 설명할 비타민 D와 관련이 있을 것 같군요.

비타민 D는 물에 녹지 않고 유기 용매에 녹으며 공기 중에 노출되면 광선에 의해 산화·분해됩니다. 또한 칼슘 대사에 관여하지요. 다음 수업인 무기질 이야기에서도 다시 이야기 하겠지만 칼슘은 뼈와 관련이 있는데, 칼슘의 흡수 이용, 뼈가 굳어지는 석회화 등 칼슘 결합성 단백질의 생합성을 비타민 D가 유도한답니다.

칼슘 결합성 단백질이란 작은창자로부터의 칼슘 흡수를 빠르게 하고 몸속에서 칼슘을 운반하는 데 도움을 주는 단백질을 말합니다. 즉, 뼈를 제대로 형성하는 데 도움을 준다는 것이지요.

비타민 D가 결핍되면 뼈의 석회화가 충분히 이루어지지 않아 뼈가 연해지고 변형되기 쉬워 어린이의 경우 구루병이 되기도 합니다. 구루병은 골격의 발육이 지연되어 뼈의 기형이 생기고, 키가 자라지 않으며, 곱사등이(척추 장애인)가 되는 것을 말하지요.

그래서 뼈가 기형이 되기 전에 조기 치료가 필요한데, 먼저 신선한 공기와 햇볕을 쏘이고 비타민 D가 풍부한 음식을 섭취해야 합니다. 비타민 D는 햇빛에서도 얻을 수 있어요.

비타민 D가 결핍되면 성인의 경우에는 뼈연화증과 뼈엉성증이 생기고, 혈액 내에 칼슘이 적어져 갑상샘(갑상선) 기능부전증까지로 발전하여 심하면 뼈가 없어질 수도 있습니다.

비타민 D여, 내게로 오라!

__ 몸 안에 비타민 D가 너무 많아도 좋지 않지요?

그럼요. 비타민 D의 과잉으로 인한 독성은 비타민 중에서 가장 강하죠. 그 증상으로는 식욕 부진, 구토, 설사, 갈증이 나타나며 세포 조직에 칼슘이 쌓여서 신장과 심장 혈관계에 심한 손상을 입힌답니다. 권장량의 5배 이상을 섭취하면 아주 강한 독성이 나타나므로 비타민 D는 주의해서 복용해야 합니다.

일반적으로 여름철에는 햇볕으로 인해 비타민 D가 활발하게 생성됩니다. 햇볕을 적당히 쬐는 것은 좋지만 너무 많이 쬐는 것은 피해야 해요.

비타민 D 활성을 지닌 가장 대표적인 화합물인 비타민 $D_3$는 자외선의 촉매 작용에 의해 피부 조직 밑에 있는 7-디히

드로 콜레스테롤로부터 합성됩니다. 비타민 D가 들어 있는 식품으로는 생선의 간유, 달걀노른자, 버터, 버섯류 등이 있어요.

이번에는 비타민 E에 대해 설명하겠어요.

비타민 E는 수많은 대사 과정 중에 들어가서 중요한 역할을 하는 것은 확실하지만, 인체에서 어떠한 생리 기능을 나타내는지는 정확하게 밝혀져 있지 않아요. 비타민 E는 지금까지 항산화 기능과 노화 방지, 빈혈 방지와 생식 능력을 도와주는 일을 한다고 알려져 있습니다.

나는 비타민 E가 생식 능력과 관계있는지를 알아보기 위해 실험을 해 보았습니다.

한 마리의 흰쥐에는 보통의 먹이를 주고, 다른 한 마리의

흰쥐에는 첫 번째 쥐가 먹는 먹이에 비타민 E를 첨가해서 먹였습니다. 실험 결과 비타민 E를 넣은 먹이를 먹은 쥐에게 더 탁월한 번식 능력이 생겼다는 결론을 얻었답니다. 그래서 비타민 E와 생식 능력과는 상관이 있다는 것을 알았지요.

비타민 E가 풍부하게 들어 있는 식품은 식물성 기름(콩, 옥수수, 목화 씨, 해바라기 씨 기름 등)과 이들의 가공 제품인 마가린과 쇼트닝 등입니다. 그러나 육류, 생선, 동물성 기름, 채소에는 비타민 E가 거의 들어 있지 않답니다.

또 다른 비타민 E의 기능은 항산화 기능이란 것인데, 이것은 세포막의 불포화 지방산을 보호하는 기능을 말합니다. 좀 더 자세히 설명하면, 항산화 기능이란 세포의 지방 이중막 구조에 존재하는 불포화 지방산이 세포 내의 유리 라디칼이란 물질에 의해 쉽게 산화되는 것입니다. 이때 비타민 E(알파-토코페롤)는 이러한 산화 과정을 중단시키고 유리 라디칼을 제거함으로써 세포막의 불포화 지방산을 보호할 수 있는 것입니다.

비타민 E 함유

또한 생체에 노화 현상이 일어나는 것은 과산화물의 생성에 의한 것인데, 항산화 효과를 지닌 비타민 E가 과산화물의 생성을 막고 노화를 지연시켜 줍니다.

그리고 비타민 E가 부족하면 적혈구 세포막의 불포화 지방산이 산화되어 세포막이 파괴됨으로써 빈혈이 생길 수 있습니다.

최근에는 식품 가공시 항산화제로 첨가되는 경우가 많아 가공 식품 중에는 비타민 E가 많이 포함되어 있답니다. 아직까지는 성인의 경우에 있어 비타민 E의 결핍증은 거의 나타나지 않지만, 어린아이의 경우에는 비타민 E가 결핍되면 신경 장애가 올 수 있습니다. 그 신경 장애는 후에 비타민 E를 보충하여도 완전히 치유될 수 없습니다.

이제 비타민 K에 대해서 알아볼까요?

비타민 K는 혈액 응고에 필수적인 비타민으로, 사람의 경우에는 장내 세균에 의해 상당히 많은 양이 합성됩니다. 또한 일반적인 식사를 통해 비타민 K를 충분히 섭취할 수 있고, 장내 세균에 의해서도 합성되므로 결핍증은 흔하지 않지요. 비타민 K는 시금치, 무청, 브로콜리 등 녹색 채소나 콩류, 대두유에 들어 있답니다.

비타민 K는 조리 과정에서도 거의 파괴되지 않습니다. 그러나 신생아의 경우나 지방 흡수 불량증 환자 및 항생제를 장기간 복용하여 장내 세균에 이상이 생긴 경우에는 비타민 K 결핍증이 될 수 있습니다.

그리고 간 기능이 정상적이지 못하면 비타민 K가 잘 흡수되지 않을 뿐만 아니라 혈액 응고가 활성화되지 못하여 비타민 K의 효능이 떨어집니다.

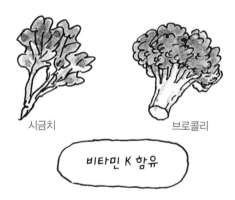

시금치　　　　　　브로콜리

비타민 K 함유

지용성 비타민에 대한 이야기는 이쯤에서 마치고, 이제부터는 수용성 비타민에 대해 공부해 봅시다.

수용성 비타민은 비타민 B복합체($B_1$, $B_2$, $B_6$, $B_{12}$)와 니아신(니코틴산), 폴산, 비타민 C 등을 말합니다. 비타민 B복합체란 서로 기능이 유사한 여러 가지 수용성 비타민을 한데 묶어 분류한 것입니다.

비타민 $B_1$, 비타민 $B_2$, 니아신 등 3가지 비타민은 공통적으로 에너지 대사 과정 중 산화·환원 반응에 관여한답니다. 그래서 열량 섭취량이 증가하는 경우 이들 비타민의 필요량도 증가하게 되지요.

__ 열량을 내는 영양소의 대사 과정에서 비타민들이 대활약을 하는군요.

그렇습니다. 한편 흰 쌀밥을 좋아하는 식습관 때문에 한국 사람들은 비타민 $B_1$(티아민) 섭취량이 다소 부족한 편이에요. 비타민 $B_1$은 채소를 불에서 끓일 때 50% 정도가 파괴되고, 고기류를 조리할 때는 20~30%가량 파괴됩니다.

비타민 $B_1$이 부족하면 각기병이 생겨서 심장도 커지고 말초신경도 마비되며 정신도 혼란스러워집니다. 비타민 $B_1$이 부족해지기 쉬운 경우는 열이 심하게 나거나, 오랜 투병 생활로 인한 정맥 포도당 주사의 투여량이 많거나, 흰 쌀밥이나

비타민 B$_1$이 부족해요.　　비타민 B$_1$이 풍부하죠.

쌀밥　　　　　　　현미, 콩, 팥밥

강화되지 않은 흰 밀가루를 주식으로 할 때랍니다.

비타민 B$_1$은 돼지고기, 콩과 식물과 맥주의 효모에 많이 들어 있습니다. 우유나 우유 가공품, 채소 및 과일류에는 비타민 B$_1$이 거의 들어 있지 않지요.

한편 비타민 B$_2$는 성장과 적혈구 형성 과정을 도와주고 건강한 피부와 좋은 시력을 갖도록 도와줍니다.

비타민 B$_2$는 광선에 의해 빠른 속도로 파괴되는데, 그러한 이유로 우유나 유제품이 빛에 노출되지 않도록 종이팩이나 불투명한 플라스틱 용기에 넣는 것입니다.

비타민 B$_2$는 닭고기 외 다른 육류, 생선과 같은 동물성 식품과 유제품에 많이 들어 있으며, 이밖에 콩과 식물, 녹색 채

비타민 $B_2$가 들어 있는데 광선에 의해 파괴되기 때문에 종이 팩에 담겼답니다.

소, 곡류 등에도 조금씩 들어 있답니다.

이번에는 니아신에 대해 알아봅시다.

니아신이 결핍되면 피부염, 설사, 식욕 부진, 짜증, 허약감 등의 현상이 나타나며, 과다 섭취시에는 피부 발진, 샘창자(십이지장) 궤양, 간 기능 이상 등이 나타납니다. 니아신은 간이나 생선, 두유와 땅콩 등에 많이 들어 있답니다.

이제 폴산에 대해 알아볼까요?

폴산은 간과 녹황색 채소, 과일류에 많은데 조리나 가공 처리 중에서 많이 가열하거나 산화시키게 되면 활성을 잃게 됩니다.

폴산이 부족하면 거대적 아구성 빈혈에 걸리고, 임신 초기에 조산이나 기형아 발생 위험이 높아집니다. 거대적 아구성 빈혈이란 비타민 $B_{12}$ 결핍이나 폴산 결핍 및 그외의 원인으로 세포 내에 DNA 합성 장애가 발생하여, 세포질은 정상적으로 합성되지만 핵의 세포 분열이 정지하거나 지연되어 세포의 거대화를 초래하는 빈혈 질환입니다. 여기서 거대적 아구는 악성 빈혈에서 볼 수 있는 병적으로 큰 적혈구를 말합니다.

마지막으로 비타민 C에 대해서 알아볼까요?

＿비타민 C에 대해서는 많이 들어봐서 잘 알아요. 채소와 과일에 많이 들어 있지요?

맞아요. 비타민 C에 대해서는 다들 잘 알고 있어서 이해하기 쉬울 겁니다.

＿우리 어머니께서 비타민 C가 부족하면 감기에 잘 걸린다고 말씀하셔서 오렌지 주스를 열심히 마시고 있어요.

좋은 방법이네요. 하지만 주스에 들어 있는 비타민 C는 실

채소와 과일                    주스

온에서 공기 중의 산소에 의해 쉽게 파괴되지요. 그러니까 익히지 않은 채소와 과일을 먹는 것이 감기 예방에 더 효과적입니다.

비타민 C의 유래와 다른 중요한 기능에 대해서도 알아보지요.

13세기에 십자군과, 대항해 시대인 1536년에 많은 선원들은 괴혈병을 앓고 있었다고 합니다. 괴혈병이란 비타민 C의 결핍 때문에 생기는 병으로 기운이 없고 잇몸, 점막과 피부에서 피가 나며 빈혈을 일으키고, 심하면 심장 쇠약을 일으키기도 하는 병입니다. 그런데 선원들이 우연히 파인애플과 나무껍질을 혼합해서 만든 음료를 마시고 괴혈병이 나았다는 기록이 있어요.

괴혈병이 없어졌어요.

파인애플과
나무껍질이
혼합된
비타민 C 음료

괴혈병

십자군

그 후 동물 실험으로 비타민 C인 아스코르브산의 중요성을 알았으며 괴혈병을 방지하거나 치료한다는 것을 증명하였어요. 아스코르브산은 비타민 C의 다른 이름이에요.

비타민 C는 같은 식품 내 다른 영양소의 산화를 방지해 줄 수 있는 항산화제로 작용합니다. 식품이나 몸에 들어 있는 많은 물질들은 산화에 의하여 파괴되지요. 이러한 물질들이 산화되는 현상은 항산화제로 막을 수 있는데, 식품을 가공할 때 산패되는 것을 막기 위해 비타민 C를 이용하지요.

또 한 가지 비타민 C의 중요한 역할은 콜라겐 합성을 하는 데 반드시 필요하다는 것입니다. 콜라겐은 조직 세포를 서로 결합시키는 시멘트처럼 작용하는 단백질로서 뼈, 연골, 치아, 결합 조직, 피부 등에 많이 있습니다.

비타민 C는 노화를 늦춰 주고 철분의 흡수를 도와줍니다. 비타민 C가 부족하면 상처나 골절이 잘 회복되지 않고, 면역성이 약해지지만, 비타민 C를 많이 섭취했다고 해서 큰 부작용은 없어요.

하지만 정기적으로 비타민 C를 많이 섭취한다면 위염, 설사와 복통, 신장 결석이 생길 수 있답니다.

＿ 비타민 C가 우리 몸에서 그렇게 많은 작용을 하다니 놀랍네요.

__우리가 먹는 것 하나하나가 다 우리 몸에 소중한 것 같
아요.

당연하지요. 오늘 수업을 한 보람이 있군요, 하하하. 다음
시간에는 무기질에 대해 공부해 봅시다.

## 만화로 본문 읽기

하나만 더 먹을게.

그만 먹어. 이건 약이라고, 약!

왜들 그렇게 다투고 있나요?

글쎄, 철수가 자꾸 비타민을 더 먹겠다고 떼를 쓰잖아요.

맛있다니깐.

비타민 영양제는 하루에 먹어야 할 양이 정해져 있어서 너무 많이 먹으면 독성이 생긴답니다.

정말이요?

비타민은 에너지 대사 과정뿐만 아니라 세포 분열, 시력, 성장, 상처 치료, 혈액 응고 등 우리 몸의 여러 과정에 참여해요.

－오늘의 혈 일－
세포 분열,
시력, 성장,
상처 치료,
혈액 응고 등...

오늘도 할 일이 많군.

또한 비타민이 부족하면 식품의 소화와 이용이 원만하게 이루어지지 않고, 식욕도 떨어지며 건강과 활력을 잃게 되지요.

비타민이 부족한가 봐.

매우 중요한 일을 하네요. 비타민에는 여러 종류가 있다고 하던데, 맞나요?

네. 크게 지용성과 수용성으로 분류하는데, 수용성은 물에 잘 녹고, 지용성은 기름에 잘 녹는 성질이 있지요.

비타민을 처음 발견한 사람은 누구인가요?

우리는 기름을 좋아해!

우리는 물을 좋아해!

기름

물

지용성 비타민

수용성 비타민

바로 내가 쌀겨에서 B인자를 분리해 내었는데 그것이 생명 유지에 꼭 필요해서 'amine'이라는 말을 붙여서 비타민이라 불렀지요.

우아, 정말 대단하세요!

이걸 비타민이라 불러야겠군.

쌀겨 ↓

# 무기질 이야기

무기질은 생체 유지에 없어서는 안 되는 영양소입니다.
무기질의 역할에 대해 알아봅시다.

7

일곱 번째 수업

# 무기질 이야기

에이크만이 물 한 잔을 따라 마시고
일곱 번째 수업을 시작했다.

오늘은 무기질에 대해 알아볼까 합니다. 오늘 수업은 이 물과도 관련이 있습니다.

그때 한 학생이 손을 들고 질문했다.

__ 선생님, 미네랄이 뭔지 궁금해요.

미네랄이란 무기질을 말하는 것이에요. 무기질은 생물체를 구성하는 원소 중에서 탄소, 수소, 산소 등 3원소를 제외한 생물체의 무기적 구성 요소로서, 광물질이라고도 합니다.

사람 몸의 구성 성분 중에서 무기질은 체중의 약 4%를 차지한답니다. 무기질은 미량이지만 꼭 필요한 것입니다.

무기질의 구성 원소로는 칼슘, 인, 칼륨, 나트륨, 염소, 마그네슘, 철, 요오드, 구리, 아연, 코발트, 망간 등이 있습니다.

에이크만이 물병을 들어 보이며 말했다.

여기 물병에 쓰여 있는 내용을 좀 볼까요? 성분을 보니 칼슘, 나트륨, 칼륨, 마그네슘, 불소라고 되어 있네요. 각각의 함량도 나타나 있지요.

__그런데 무기질은 비타민과는 어떻게 다른가요?

좋은 질문을 했어요. 잘 들어보세요.

비타민은 유기 화합물인 데 비하여 무기질은 탄소 이외의 원소로 이루어진 화합물입니다. 그리고 식물과 세균 등의 유기체는 몇 가지 비타민들은 합성할 수 있지만 무기질은 합성할 수가 없어요.

또한 비타민은 공기, 빛, 열 등 여러 가지 처리에 의하여 쉽게 파괴되지만, 무기질은 일반적인 화학적 방법에 의하여 쉽게 파괴되지 않고 매우 안정적이지요.

각각의 무기질은 몸 안에서 각기 다른 생리적 작용을 하지

나는 공기, 빛, 열에 약하고 식물과 세균 등이 합성할 수 있어.

비타민

나는 쉽게 파괴되지 않지만 어떠한 생명체도 나를 합성할 수 없어.

무기질

만 대체로 구성 요소와 조절 요소로서의 역할을 합니다.

무기질은 뼈와 치아 등 단단한 조직을 만드는 데 중요한 물질입니다. 따라서 뼈의 성장이 잘 이루어지는 것은 성장기에 무기질을 얼마나 잘 섭취했느냐에 달려 있습니다. 성장이 끝난 후에도 뼈가 건강하게 유지되기 위해서는 계속 무기질이 필요합니다.

또한 무기질은 체액의 성분으로 pH와 삼투압을 조절합니다. 무기질은 식품으로부터 흡수되어 몸 안에 분포되는데 혈액, 조직, 세포들의 적절한 산도 혹은 염기도를 무기질이 적절히 조절한답니다.

__선생님, 질문이 있어요. 신맛은 산성이고 쓴맛은 염기성이지요?

식품의 산과 염기는 식품의 맛과는 다르답니다. 신맛이 있는 레몬의 경우 신맛이 나니까 산성이라고 생각하기 쉬운데, 과일의 신맛은 시트르산이나 말산 등에 의한 것입니다.

그런데 식품일 때는 청색 리트머스 종이를 붉게 변화시켜서 산성을 나타내지만, 연소해서 재로 만들었을 때는 칼륨이 많이 남기 때문에 염기성이 되는 것입니다. 그래서 레몬은 신맛을 내지만 염기성 식품이라고 한답니다.

즉, 염기성 식품이란 식품을 연소시켰을 경우 그 재 속에 칼슘, 칼륨, 나트륨, 철 등 염기성을 나타내는 원소를 많이 포함하고 있는 식품입니다.

산성 식품은 식품을 연소시켰을 경우 그 재 속에 인, 황, 염소 등 산성을 나타내는 원소를 많이 포함하고 있는 식품을 말합니다. 달걀의 경우 노른자는 인단백질을 많이 포함하고 있으므로 산성이지만, 흰자는 염기성입니다.

체액은 에너지 대사를 원활하게 하기 위해서 심장이나 신경의 기능을 항상 pH 7.3~7.5의 약염기성으로 유지합니다. 체액을 항상 약염기성으로 유지하는 것은 주로 혈액의 완충 작용과 폐와 신장의 작용에 의한 것입니다.

산성 식품은 주로 에너지와 단백질의 공급원이 되는 식품으로 맛있고 먹기 좋은 것이 많지만, 산성 식품 중심의 식사로 치우치는 것은 영양적 균형으로 볼 때 바람직하지 않습니다.

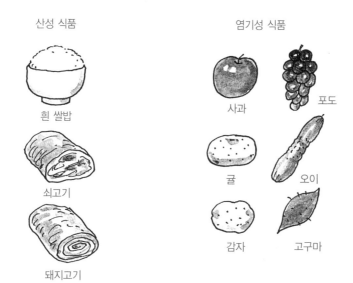

산성 식품

흰 쌀밥

쇠고기

돼지고기

염기성 식품

사과

포도

귤

오이

감자

고구마

　마지막으로 무기질은 효소 반응을 활성화시키고 신경의 흥분을 전달하는 데에도 관여합니다. 그 밖의 다른 기능들은 무기질 하나하나를 살펴보면서 설명해 보도록 하지요.

　일단 칼슘부터 시작해 봅시다.

　몸 안에서 가장 많이 존재하는 칼슘은 99%가 치아와 뼈에 있습니다. 예전에는 칼슘이 뼈에 영구히 가라앉아 있다고 생각되었으나, 최근에는 뼈세포에서도 다른 세포처럼 동적 평형 상태, 즉 왔다 갔다 움직이면서 유지하고 있음이 밝혀졌답니다.

　다시 말하면, 사람은 생후 첫 1년 동안에 뼈의 칼슘 성분을 100% 바꿔 줍니다. 아동기에는 약 10%를 바꾸며, 성인은 1

뼈가 자라요.

뼈의 분해 〈 뼈의 합성

뼈가 감소해요.

뼈의 분해 〉 뼈의 합성

년 동안에 2~4%의 뼈의 칼슘 성분을 바꾸게 되는 거지요.

새로운 뼈의 합성과 분해 정도를 보면, 아동의 경우는 분해보다 합성이 크므로 뼈의 성장이 일어나고, 성인은 합성과 분해 정도가 같으므로 그냥 유지된다고 이해하면 됩니다. 그러나 사람은 40~50세 사이에 합성보다 분해가 더 커지는 시기가 오며, 그 이후에는 매년 총 골격의 0.7% 정도가 감소됩니다. 특히 여자는 남자보다 이러한 뼈의 손실이 오는 시기가 빠릅니다.

치아의 경우는 뼈의 경우보다 칼슘(Ca) 성분이 좀 다릅니다. 치아는 뼈보다 더 치밀한 결정체를 가지고 있으며 수분 함량이 낮지요. 뼈와는 달리 치아에 일단 축적되었던 칼슘은

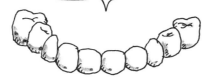

나에게 들어온 칼슘은 바뀌지가 않아요.
그러니까 치아 관리를 잘합니다.

다른 것으로 교환되지 않으며, 영구치는 한번 손상되면 칼슘이 교체되지 않으므로 치아 관리에 특별히 주의해야 합니다.

뼈와 치아 이외의 체액에 존재하는 칼슘은 극히 작으나 다음과 같이 매우 중요한 조절 작용을 한답니다.

첫째, 칼슘은 세포막의 투과성을 조절하여 세포막을 통한 영양소의 이동에 관여하고 있다.

둘째, 신경 세포와 근육 사이에 충동을 전달하는 데 필요한 아세틸콜린과 같은 신경 전달 물질의 분비를 촉진시켜 신경 충동의 전달을 원활하게 한다.

셋째, 근육이 수축할 때도 칼슘이 필요하다. 물론 심장 근육의 수축에도 칼슘이 중요한 기능을 하고 있다.

넷째, 칼슘은 혈액 응고에도 도움을 준다.

혹시 '칼슘의 왕'이라는 말을 들어본 적 있나요? 그것이 무슨 식품인지 아는 사람 한번 말해 보세요.

　＿칼슘의 왕은 단연코 멸치라고 생각합니다.

　그래요. 칼슘은 멸치 외에도 뱅어포, 참깨, 치즈, 다시마에도 많이 들어 있답니다. 또한 녹황색 채소에도 칼슘이 많이 있으나 흡수되기 어려운 형태로 있기 때문에 몸 안에서 이용되는 양은 적지요. 그렇다면 칼슘이 부족할 때는 어떤 병이 생길까요?

　＿뼈와 관련이 있으니까, 음……, 뼈엉성증이 아닐까요?

　맞아요. 그런데 뼈엉성증이 뭔지 아나요?

　＿아니요, 잘 몰라요. 뼈와 관련 있다는 것 외에는…….

　칼슘과 뼈는 깊은 관계가 있습니다.

　칼슘 섭취가 부족하면 조그만 사고에도 쉽게 뼈가 부러질 수 있고 구루병이나 뼈연화증, 뼈엉성증 등이 생길 수 있어요. 뼈엉성증이란 뼈의 석회화가 떨어지고 뼈 군데군데 구멍이 뚫리는 증세를 말하는 것이에요. 따라서 조그마한 사고에도 뼈가 잘 부러집니다.

　다음으로 인(P)에 대해서 알아보지요.

　인은 칼슘 다음으로 몸 안에 많습니다. 대부분은 인산칼슘으로 뼈와 치아에 있고 나머지는 인지질, 핵산으로 모든 조직을 구성합니다.

인은 세포의 재생산과 단백질의 합성에 불가결한 DNA와 RNA의 필수 구성 요소이지요. 인은 모든 자연식품에 널리 분포되어 있으며 특히 우유 및 유제품, 육류 등의 동물성 식품에 많아요.

현미에도 인은 많으나 대부분 피트산의 형태로 존재하기 때문에 흡수율은 낮은 편입니다. 피트산은 인의 흡수를 방해하는 물질이랍니다.

한국인의 식생활에서 인의 섭취량은 충분하며 오히려 인의 섭취가 칼슘에 비해 너무 높은 것에 주의해야 합니다. 최근에 인이 많이 들어 있는 가공식품과 탄산음료의 소비가 증가하면서 대부분의 사람들이 인을 과다 섭취하는 경향이 있습니다. 인을 너무 많이 섭취하게 되면 칼슘이 우리 몸에 잘 흡수되지 않으므로 반드시 주의해야 해요.

__저는 목이 마를 때마다 콜라나 사이다를 자주 마셨는데, 이제는 마시지 말아야겠어요.

__저도 그래요. 하루에도 몇 캔씩 먹을 때도 있었어요. 그런데 탄산음료가 그렇게 몸에 해로운 줄 몰랐어요. 이제는 안 마실래요.

앞으로는 목이 마를 때 물을 마시도록 해요. 알겠죠?

한국인들이 너무 많이 섭취해서 걱정되는 무기질이 또 있
는데, 그것은 바로 나트륨입니다. 나트륨은 여러분이 흔히 아
는 소금을 말해요.

나트륨(Na)은 우리가 먹는 식품 속에 널리 분포되어 있어
요. 우유, 치즈, 육류, 간장 등에 많은 양의 나트륨이 들어 있
고, 특히 한국인들이 좋아하는 김치와 장아찌 종류에는 나트
륨이 더 많답니다. 나트륨의 하루 권장량은 7g 정도인데 대
부분의 사람들이 하루에 15~30g 정도를 섭취하고 있어요.

몸속에 나트륨이 많이 있으면 혈관이 수축되고 호르몬을
변화시켜서 고혈압이 될 수도 있고, 체액의 삼투압이 높아져
서 세포에서 수분이 빠져나가 세포 내 산도가 증가하므로 단
백질 구성이 무너지며, 소금의 과잉 섭취가 소화관을 자극하

여 영양소의 흡수를 방해합니다. 특히 고혈압, 심부전(심장 기능 상실)증, 신부전(콩팥 기능 부족) 질환을 앓고 있는 환자는 나트륨의 섭취를 극히 제한하여야 합니다.

어린이들이 잘 먹는 햄, 토마토케첩, 햄버거, 과자류에도 나트륨이 많으니 주의하세요.

다음은 철분(Fe)에 대해 알아봅시다.

__ 철분이요? 쇠붙이 말인가요? 그럼 철분이 부족하면 쇠 조각을 먹으면 되겠네요, 하하하.

사람들이 가끔 그런 농담을 하기도 하지요.

기원전 4000년에 이집트 인이 철분을 사용한 흔적이 있어요. 그 후 철분은 메소포타미아, 이집트 등에서 금보다 더 비싼 금속으로 사용되었지요.

철분은 하루 식사를 통해 섭취해야 하는 중요한 미량 영양소로서 건강 유지와 생명에 중요한 역할을 합니다. 그러나 철은 모든 영양소 중에서 흡수율이 가장 낮아요.

철은 몸 안에서 절반 이상이 적혈구인 헤모글로빈의 성분으로 존재하며 산소를 운반할 때 쓰여요. 장에서 흡수하는 것은 무기철염이고, 2가철염이 3가철염보다 흡수는 좋으나 어느 쪽이든 흡수율은 10% 이내밖에 안 된답니다. 철은 흡수율이 낮기 때문에 영유아, 임신부, 사춘기 소녀들은 빈혈에 걸리기 쉽지요.

　＿저희 누나도 빈혈이어서 엄마가 쇠고기나 닭고기 같은 고기류를 자주 먹이시다가 요사이는 빈혈이 더 심해서 빈혈약을 먹게 하시더라고요. 빈혈이란 피가 부족한 것인가요? 그러면 수혈을 하면 되지 않을까요?

　누나가 빈혈이니, 빈혈에 대해 확실하게 배워서 누나를 보살펴 주어야겠군요.

　재생 불량성 빈혈이나 신부전 빈혈 등과 같이 약으로도 치료가 불가능할 경우에는 수혈이 필요하기는 하나, 수혈로 인해 적혈구 생산이 떨어지는 경우도 있어요.

　일반적으로 빈혈이라 함은 혈액 중의 헤모글로빈 수치나 헤마토크리트 수치, 다시 말하면 적혈구 농도가 정상치보다 적은 경우를 말한답니다.

　빈혈은 철의 결핍 증세의 하나이긴 하지만 철이 결핍되었다고 해서 빈혈이 되는 것만은 아니에요. 적혈구 농도가 적은 경우에는 산소의 결합 능력이 떨어지고 대사 산물인 이산화탄소가 제대로 제거되지 못하는데, 빈혈 증세 중 가장 많은 것이 철 결핍으로 인한 영양성 빈혈이랍니다.

　＿선생님, 철분은 흡수율이 떨어진다고 하셨는데, 그럼 흡수율을 높일 수 있는 방법은 없나요?

흡수율을 높일 수 있는 방법이 당연히 있지요.

비타민 C는 위장에서 철분을 $Fe^{3+}$를 $Fe^{2+}$로 환원시켜 철과 비타민 C를 결합시키면 철분의 흡수를 높일 수 있어요. 또한 쇠고기, 돼지고기 등의 동물성 단백질은 철분의 흡수를 돕는답니다.

반면에 곡류의 껍질에 많은 피트산과 시금치, 무청 등에 많은 수산과 같은 물질은 철분과 결합하여 불용성 복합체를 형성하는데, 이것은 철분의 흡수를 방해한답니다. 또한 차나 커피 중에 많은 타닌과 식이섬유질 역시 철분의 흡수율을 방해하는 것들이지요.

__ 저희 누나는 커피를 많이 마시는데, 앞으로는 많이 마시지 말라고 알려 줘야겠어요.

누나, 커피 많이 마시면
철분 흡수에 방해가 돼~.
그러면 빈혈이 더 심해지잖아.

하하하, 참 착한 동생이군요.

다음은 아연(Zn)에 대해 알아볼까요?

아연은 면역계에서 중요한 역할을 하며 세포 분열에 이용됩니다. 또한 정상적인 성장에 필요하며 상처의 회복과 건강한 피부를 유지하는 데 중요한 단백질과 콜라겐의 합성에도 반드시 필요합니다. 아연은 해산물, 붉은색을 띤 육류, 견과류, 콩, 우유 등에 많이 들어 있어요.

그러나 아연은 조리나 제분 과정에서 파괴되기 쉬워서 식사를 할 때 충분히 섭취하지 못할 가능성이 크지요.

철은 잠재적인 결핍 상태에서도 그 증세가 나타나지만, 아연은 잠재적인 결핍 상태가 오랫동안 계속되어도 결핍 증세가 쉽게 나타나지는 않아요. 그러나 임신 중에 칼슘은 결핍되더라도 모체로부터 태아 쪽으로 이동이 되지만, 아연은 모체에서 쉽게 나오지 않아 태아에게 치명적이 될 수 있어요.

급성 아연 독성은 아연을 입힌 용기에 담긴 레몬에이드 같은 산성 음료를 마신 사람들에게서 나타났다고 보고되었는데, 그들은 속이 불쾌하거나 토할 것 같은 증세를 보였답니다.

한국은 삼면이 바다로 둘러싸여서 해조류나 해산물의 부족은 없는 나라이지요? 따라서 요오드(I)가 부족한 일은 거의 없으리라고 생각됩니다.

몸 안에서의 요오드는 70%가 갑상샘(갑상선)에 있어요. 갑상샘은 목의 아래쪽에 있으며, 갑상샘 조직 내에서는 티록신이 형성되는데 여기에서 요오드는 3~4 가지의 작용을 한답니다. 요오드는 갑상샘 호르몬의 주성분으로 태아와 어린이의 세포 발달과 성장에 영향을 미치며, 백혈구의 구성에 관여하고, 수유부에게는 유즙의 분비를 적당히 조절해 주지요.

요오드가 부족하면 갑상샘 호르몬을 정상적으로 만들지 못하기 때문에 요오드를 더욱 많이 생산하기 위해서 갑상샘이 비대해집니다. 갑상샘이 커지면 갑상샘 기능 항진증이 되어 심장의 고동이 심해지고 안구가 튀어나오는 '바제도병'이 나타납니다. 또한 말이 빨라지고 손과 팔을 뻗었을 때 심하게 떨리는 증세가 나타납니다.

임신 중에 요오드가 부족하면 태어난 아이에게 '크레틴병'이 나타나는데, 그렇게 되면 태어난 아이는 기초 대사율이 떨어지게 되고 성장과 지능의 발달도 떨어집니다. 그러나 크레틴병은 아이가 태어나자마자 바로 치료하면 회복이 가능합니다.

그 외의 무기질에 대해서도 간략하게 설명하겠어요.

우선 칼륨(K)은 체액의 염기도를 유지해 줌으로써 산과 염기 평형에 관여하고, 에너지 발생과 글리코겐 및 단백질의 합성에 관여하며, 소변을 만들어 내는 요소 대사에 필요합니다.

### 바제도병(Basedow's disease)

독일 의사 바제도(Karl Basedow, 1799~1854)의 이름을 딴 병으로 '그레이브스병'이라고도 한다. 안구의 돌출, 갑상샘 확대, 두근거림의 증세가 특징이며, 이밖에도 체중 감소, 발한, 식욕 항진, 미열, 설사, 수전증이 있다. 또한 정신도 불안정하여 흥분, 과민, 쇠약, 불안, 불면 등의 증세가 나타나기도 한다.

### 크레틴병(cretinism)

신체 발육이 현저하게 늦어져 성인이 되어도 유아 정도의 체격밖에 되지 않으며, 지능 발달도 늦어 백치 또는 저능이 된다. 기초 대사가 저하하여 피부가 건조하고, 점액성 부종의 상태가 되며, 탈모가 되기도 한다.

칼륨을 많이 섭취하면 소변으로 배설되는데, 신장은 나트륨만큼 칼륨을 저장하지는 못합니다. 칼륨은 나트륨과 반대로 혈압을 낮춰 주는 역할을 하므로 식사 중의 칼륨과 나트륨의 비율에는 밀접한 관계가 있어요. 칼륨과 나트륨의 비율은 1:1이 이상적이지요.

또한 염소(Cl)는 삼투압 조절에 관여하며, 위액 중에 염산으로 존재하여 위액의 산도를 유지하고 세균의 발효를 방지하며, 소화에 도움을 줍니다.

셀레늄(Se)은 항산화제의 기능이 있으며, 글루타싸이온 과산화 효소의 구성 성분으로서 세포 구조의 손상을 방지하며, 수은이나 카드뮴의 중독에 대한 방어 작용이 있습니다. 셀레늄이 암을 보호하는 역할이 있다고는 하지만 정확한 작용은 알려져 있지 않아 앞으로 연구해야 할 과제로 남아 있지요.

셀레늄은 곡류, 해산물, 육류에 골고루 들어 있는데 과다하게 섭취할 경우에는 탈모, 피부의 발진, 부종 등이 나타나며 머리카락과 손톱이 빠지는 증세도 나타날 수 있습니다.

플루오르(F)는 음료수에 적절히 넣어 주면 치아의 에나멜층을 보호해 주는 역할을 하여 충치에 대한 저항력을 높여 줍니다.

망간(Mn)은 카복시화 효소, 펩티데이스 등의 효소를 활성화시켜 탄수화물 대사, 단백질 대사, 지질 대사에 관여합니다.

코발트(Co)는 비타민 $B_{12}$의 구성 성분이기 때문에 식사 중에 꼭 필요합니다. 사람의 장내에 사는 미생물도 어느 정도 비타민 $B_{12}$를 합성하므로 정상적인 식사를 하는 사람에게는 결핍증이 일어나지 않습니다. 하지만, 비타민 $B_{12}$나 폴산과 같은 비타민이 부족하면 골수에서 적혈구의 형성이 잘 되지 않아 악성 빈혈이 나타납니다.

크롬(Cr)은 인슐린의 작용을 도움으로써 정상적인 포도당 대사를 돕습니다. 혈당량이 높은 당뇨병 환자를 염화크롬으

로 치료하였을 때 포도당 조절이 훨씬 좋아졌다는 실험 보고
가 있어요.

붕소(B)는 소변으로 배설되는 칼슘의 양을 줄인다고는 하
나 앞으로 더 많이 연구되어야 하는 무기질입니다.

몰리브덴(Mo)은 알데히드 산화 효소의 구성 성분이기는
하나 이 무기질 역시 더 많이 연구되어야 합니다.

무기질은 기능과 역할이 잘 알려져 있지 않은 것이 많은 영양
소이기에 아직 연구할 분야도 많아요.

이제 마지막 수업만이 남았네요. 마지막 시간에는 수분에 대
해 알아보도록 하지요.

신문에서 어떤 기사를 보고 있나요?

신문 기사에 시금치는 비타민과 무기질도 풍부한 녹황색 채소라고 하는데, 무기질은 비타민과 어떻게 다른가요?

비타민은 유기 화합물이지만 무기질은 무기 화합물이에요. 식물과 세균 등의 유기체는 몇 가지 비타민들은 합성할 수 있지만 무기질은 합성할 수가 없지요.

바타민은 탄소 화합물이고, 무기질은 아니군요?

난 식물과 세균 등에 합성할 수 있어.

비타민

난 합성할 수 없어.

무기질

네. 또한 비타민은 공기, 빛, 열 등에 의해 쉽게 파괴되지만, 무기질은 쉽게 파괴되지 않고 매우 안정적이에요.

무기질이 신체에서 하는 중요한 역할은 뭔가요?

난 공기, 빛, 열 등에 약해!

비타민

난 끄떡 없지롱~.

무기질

무기질은 뼈와 치아 등 단단한 조직을 만드는 물질이라서 성장하는 데 중요하지요.

신체의 성장에 필요한 영양소군요.

시금치 무기질이 풍부

또한 무기질은 체액의 성분으로 pH와 삼투압을 조절하고 혈액, 조직, 세포들의 적절한 산도나 염기도를 조절하지요.

무기질의 종류에는 어떤 것이 있나요?

무기질

무기질의 구성 원소로는 칼슘, 인, 칼륨, 나트륨, 염소, 철, 요오드, 구리, 아연, 코발트, 망간 등이 있어요.

앞으로 튼튼한 몸을 만들려면 영양소를 골고루 먹어야겠네요.

# 8

# 수분 이야기

수분은 우리 몸에서 어떤 역할을 할까요?
우리 몸에서 수분이 차지하는 비중과 그 중요성에 대해 알아봅시다.

마지막 수업
# 수분 이야기

에이크만이 조금 아쉬워하는
표정으로 마지막 수업을 시작했다.

에이크만이 오늘은 스포츠 음료를 가지고 와서 학생들에게 보여 주
었다.

흔히들 운동을 할 때 스포츠 음료를 많이 마시지요? 땀을
많이 흘리며 2시간 이상 운동을 한다면 포도당과 전해질이
들어 있는 스포츠 음료를 마시는 것이 좋아요. 포도당은 지
구력을 증가시키고 맛을 좋게 하지요.

그런데 짧은 시간 동안 운동을 할 때에도 스포츠 음료를 마
시는 것은 크게 도움이 되지 않습니다. 1시간 이하의 운동에

서는 전해질의 손실이 크지 않아 물만으로도 충분하거든요. 더구나 아무 운동도 하지 않을 경우에는 스포츠 음료는 마시지 않는 것이 좋습니다. 스포츠 음료에 포함된 당 성분이 원하지 않는 열량을 공급하게 되니까요.

더운 여름날 목이 말라 시원한 사이다를 마셨는데 갈증이 더 심해진 경험을 한 적이 있나요?

＿네, 그런 적이 있어요. 그 이유는 무엇인가요?

탄산수나 주스 등의 단맛이 나는 음료수에는 당이 많이 들어 있어서 혈액으로 흡수되면 그 당을 희석하기 위해 세포내액이 빠져 나오면서 세포는 더욱더 목이 마르게 되지요.

＿아, 그렇군요. 이제 이해가 돼요. 목이 마를 때는 맹물이 최고네요. 저희 아버지께서는 술을 많이 드신 다음 날이면 늘 목이 말라서 새벽에 잠이 깬다고 하셨는데, 술을 마시면 왜 목이 마르게 되는 건가요?

알코올과 카페인은 이뇨 작용을 하는 호르몬에 영향을 준답니다. 즉, 마신 양보다 더 많은 물이 소변으로 빠져나가게 되지요. 알코올 농도가 높은 술일수록 이뇨 작용이 더 심해요. 그러니 또 목이 마르고 갈증이 나는 것이지요.

사람이나 동물이나 마찬가지로 음식을 먹지 않고도 몇 주일은 살 수 있지만 물을 마시지 않고는 단 며칠도 살 수가 없어요.

남자는 체내의 수분 함량이 체중의 60% 정도이며, 여자는 50~55%가량이에요. 또한 갓난아이의 수분 함량은 75% 이상인데, 성장하면서 차차 감소되지요.

그런데 만약 이 중 10%의 수분이 손실되면 고통이 심해지고, 20% 이상이 손실되면 생명을 잃게 된답니다.

물은 6대 영양소 중의 하나일 뿐만 아니라 어쩌면 가장 중요한 영양소인데도 불구하고 사람들은 종종 물을 소홀히 생각하지요.

우리 몸은 소변, 피부, 폐, 대변으로 배설되는 물을 보충하기 위해서 하루에 약 2.5L의 물을 필요로 합니다. 음료수로 마시는 물이 1,000~1,200mL 정도이고, 음식물 속에 들어 있는 물이 600~1,000mL 정도이며, 영양소의 산화 대사에 의해 얻어지는 물이 300~500mL 정도입니다. 이것은 수분 섭취량과 배설량을 조절하여 수분 대사의 균형을 이루는 것이에요.

물을 마시는 것은 신장에도 도움이 됩니다. 다시 말해 신장이 물을 아끼려고 소변을 농축시키는 부담을 덜 가지게 해 주므로 물을 충분히 마셔야 한다는 것이지요.

물의 필요량은 개인의 나이와 생활 환경, 운동량 등에 따라 달라집니다. 나이가 어릴수록, 주위 환경의 온도가 높고 습도

가 낮을수록, 운동량이 많을수록 체중 1kg당 요구되는 물의
양은 증가합니다.

물은 우리 몸에서 다양한 기능을 합니다. 몸에서 다 쓴 물
질을 몸 밖으로 내보내는 일을 하기도 하고, 영양소를 골고루
몸속 각 기관에 보내 주기도 하지요. 그 밖에도 수용성인 세

### 과학자의 비밀노트

**물과 인간**

- 물은 산소와 더불어 인간의 생존에 필요한 가장 중요한 요소이다. 인간은 산소 없이는 단 몇 분밖에 살지 못하며, 물이 없이는 약 1주일(4~9일) 정도밖에 살지 못한다.
- 바다와 육지의 분포 비율은 7:3으로 물이 지구 표면의 70% 정도를 차지하고 있다. 우리 인체도 약 70% 정도가 물로 구성되어 있다.
- 사람은 음식을 먹지 않고서도 4~6주 정도는 생존이 가능하지만 물을 마시지 않으면 신진대사가 원활히 이루어지지 않아 체내의 독소를 배출시키지 못하여 자가 중독을 일으키고, 1주일도 채 안 되어 사망하게 된다.
- 물 분자는 몸의 어느 부분에나 있는데, 물의 대부분이 순환함으로써 몇 번이나 되풀이하여 사용된다. 그러나 1일 약 2.5L 정도는 갖가지 방법으로 제거된다. 그러므로 사람이 생존하기 위해서는 매일 같은 정도의 물을 마셔야 한다.
  - 물은 몸속에서 세포의 형태를 유지하고 대사 작용을 높이며 혈액과 조직액의 순환을 원활하게 하고 영양소를 용해시키며, 이를 흡수·운반해서 세포로 공급해 주고 체내에 불필요한 노폐물을 체외로 배설시키며 체내의 열을 발산시켜서 체온을 조절하는 등의 생명 유지에 필수적인 매우 중요한 역할을 수행한다.

포질의 기본적인 성분으로 생체 분자를 녹이고, 때로는 화학 반응에 참여하기도 해요.

또, 주요 장기를 보호하고 침, 관절액 등의 윤활유 역할을 하기도 하지요. 그리고 체액의 전해질 농도와 산과 염기의 평형을 유지하며, 체온을 유지해 주는 역할도 한답니다.

자, 이제 영양소에 대한 수업이 모두 끝났습니다. 지금까지 배운 내용을 토대로 실천하는 것은 여러분의 몫입니다. 영양가 있는 음식들을 골고루 섭취하고 적절하게 운동하여 건강하고 튼튼한 청소년들이 되었으면 좋겠습니다.

선생님! 사람 몸의 50~60% 정도가 물이라는 게 정말인가요?

그래요. 갓난아이는 수분 함량이 75% 이상이나 되지요.

물은 6대 영양소 중 하나이고 가장 중요한 영양소인데도 사람들은 종종 물을 소홀히 생각하지요. 몸에서 수분이 10% 손실되면 어떨 것 같나요?

글쎄요, 10% 손실되어도 많이 남는데 별일 있겠어요?

만약 몸에서 10%의 수분이 손실되면 고통이 심해지고, 20% 이상이 손실되면 생명을 잃게 된답니다.

우아, 물이 그렇게 중요한 거였군요.

무⋯물⋯

우리 몸은 소변, 피부, 폐, 대변으로 배설되는 물을 보충하기 위해서 하루에 약 2.5L의 물을 필요로 해요.

2.5L씩이나 마셔요? 저는 그만큼 안 마시는데요?

하루에 이만큼이나 먹어야 된다고?

물은 음료수뿐 아니라 음식물에도 들어 있고, 영양소의 산화 대사에 의해 얻어지기도 해요. 그러면 배설한 양만큼 섭취한 셈이 되지요.

수분을 그렇게 보충하는군요.

수분 섭취량  배설량

물은 몸에서 다 쓴 물질을 몸 밖으로 내보내고, 영양소를 몸속 기관에 보내줘요. 또 화학 반응, 체온 유지 등 다양한 기능을 하지요.

지금까지 배운 내용을 토대로 영양가 있는 음식들을 골고루 섭취해서 더 튼튼해질래요!

에이크만은 1858년 네덜란
드에서 교육자의 아들로 태어
난 생리학자이며 영양학자, 세
균학자입니다.

1875년 암스테르담 대학교
의 군의학교에서 의학을 배우
고, 1883년 군의관으로 네덜란드령 인도네시아로 부임하였
으나, 말라리아에 걸려 귀국하였습니다. 그 후 의사로 일하
면서 1883년에 신경의 양극화 현상에 대한 논문으로 의학 박
사 학위를 받았습니다.

1886년 각기병 대책 사절단으로 인도네시아로 건너가 바
타비아(자카르타)의 병리학 연구 소장과 의학교 교장으로 있
었으며, 1898년 위트레흐트 대학의 위생학, 법의학, 세균학

교수가 되었습니다.

1907년에는 네덜란드 왕립 아카데미의 회원으로 임명되었고, 네덜란드 정부는 그의 이름을 따서 에이크만 메달의 수여를 추진하기도 하였습니다.

그는 닭을 흰쌀로 사육하면 각기병 증상을 일으키지만, 겨를 섞거나 현미를 주면 증상이 가벼워진다는 것을 밝혀냈습니다. 또한 임상 실험으로 흰쌀밥을 먹은 그룹과 현미밥을 먹은 그룹으로 나누어 비교한 결과 흰쌀밥을 먹은 그룹에서 각기병이 많이 발생한다는 것을 확인했습니다.

사람과 닭의 각기병이 모두 흰쌀로 인한 다발성 신경염이므로, 이전까지 각기병에 대한 세균 감염설을 부정하고 독소설을 주장했습니다. 이 연구는 쌀을 주식으로 하는 동양 의학계에 크게 공헌했으며, 비타민 $B_1$을 발견하는 단서가 되었습니다.

이 업적으로 에이크만은 1929년에 홉킨스와 함께 노벨 생리 · 의학상을 수상했습니다.

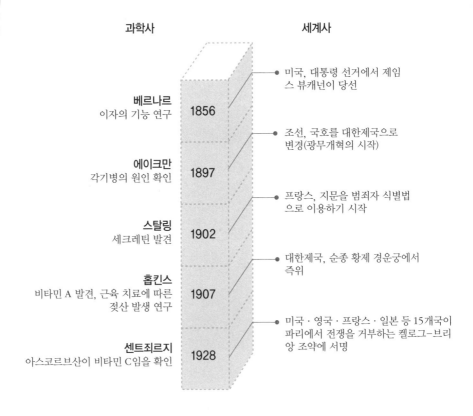

과학사

세계사

● 미국, 대통령 선거에서 제임
스 뷰캐넌이 당선

**베르나르**
이자의 기능 연구

1856

● 조선, 국호를 대한제국으로
변경(광무개혁의 시작)

**에이크만**
각기병의 원인 확인

1897

● 프랑스, 지문을 범죄자 식별법
으로 이용하기 시작

**스탈링**
세크레틴 발견

1902

● 대한제국, 순종 황제 경운궁에서
즉위

**홉킨스**
비타민 A 발견, 근육 치료에 따른
젖산 발생 연구

1907

● 미국 · 영국 · 프랑스 · 일본 등 15개국이
파리에서 전쟁을 거부하는 켈로그−브리
앙 조약에 서명

**센트죄르지**
아스코르브산이 비타민 C임을 확인

1928

1. 식품의 생리적 열량가는 탄수화물 1g에 ☐ kcal, 단백질 1g에 ☐ kcal, 지방 1g에 ☐ kcal입니다.

2. 사람에게는 분해 효소가 없어서 탄수화물 중 ☐☐ ☐☐ 를 소화하지 못합니다.

3. 위액에 있는 소화 효소 펩신과 혈액의 헤모글로빈, 몸에 저항력을 갖고 있는 항체도 모두 ☐☐☐ 로 구성되어 있습니다.

4. 혈액 내에 ☐☐☐☐☐ 이 많으면 혈관이 좁아져서 막히게 할 수도 있으며 혈압을 증가시키고 혈관 파열을 일으킬 수 있습니다.

5. 비타민 중에 ☐☐☐ 비타민은 우리 몸에 포화량이 있어서 많이 먹게 되면 오줌으로 배출됨으로써 결핍증을 일으키기 쉽지만, ☐☐☐ 비타민은 몸에 축적되므로 과잉 증세가 나타나기 쉽습니다.

6. 레몬은 신맛을 내지만 ☐☐☐☐ 식품으로, 연소시켰을 때 재 속에 칼륨, 나트륨, 철의 원소를 포함하고 있습니다.

7. ☐☐ 식품은 연소시켰을 때 그 재 속에 인, 황, 염소 등을 많이 포함하고 있습니다.

1. 4, 9, 2 사이 실유 3. 단백질 4. 콜레스테롤 5. 수용성, 지용성 6. 알칼리성 7. 산성

## 우주인들이
## 가장 좋아하는 음식

스페이스 닷컴은 최근 우주인들이 즐겨 먹는 식품 톱 10을 선정하였는데, '초콜릿을 입힌 사탕'이 1위에 꼽혔습니다.

1981년 4월 12일, 초콜릿을 입힌 사탕은 첫 번째 우주 왕복선인 컬럼비아 우주 왕복선에 처음 실렸습니다. 그 뒤 오늘날에 이르기까지 우주 비행에 빠지지 않는 식품의 하나일 정도로 우주인들 사이에 초콜릿 사탕은 그 인기가 높습니다.

2위는 '냉동 건조 아이스크림'이 차지했습니다. 벽돌 모양인 이 아이스크림은 얼음이 고체에서 기체로 바뀌는 상태까지 기압을 낮추고, 수분을 없앴기 때문에 퍽퍽합니다. 하지만 입 안에 넣으면 금세 부드럽게 녹습니다. 그러나 아이스크림이지만 차갑지 않다는 것이 특기할 만합니다. 따라서 냉동 보관을 할 필요도 없고 다른 식품들과 함께 두었다가 바로 먹을 수 있어 편리합니다. 미국 휴스턴에 있는 케네디 우주 센터 기념품 가게에서는 이 냉동 건조 아이스크림이 선물용으로 인기리에 팔리고 있습니다.

그리고 3위에는 '가루로 된 오렌지 주스', 4위에는 '콜라' 등 음료수가 꼽혔습니다. '가루로 된 오렌지 주스'는 1960년대 인류 최초로 우주선 밖 공간에서 걷는 데 성공한 제미니 프로그램 때 처음 선보였는데, 그 이후로 인기가 높아져, 지금도 우주 왕복선과 국제 우주 정거장의 우주인들이 즐겨 찾는 식품으로 자리매김을 하고 있습니다. 또한 '콜라'는 전용 자판기에서 뽑아 특수 컵에다 따라 마십니다.

이 밖에도 '매운맛을 낸 푸른 콩 요리', '메이플·블루베리·크랜베리 크림이 듬뿍 든 쿠키', '양고기 수프', '이온 음료' 등이 즐겨 먹는 식품 순위에 들었습니다. 우리가 영화에서 많이 보았던 치약 튜브 형태의 우주 식품은 맛과 영양이 떨어지고 우주인들 사이에 인기가 없어서 이제는 생산이 되지 않습니다.

또 모든 음식은 냉장고가 없는 우주 공간에서 오래 보관하기 위해 팩 형태로 포장됩니다. 음료도 액체가 아닌 고체로 만들어진다는 사실은 지구에서의 상식을 깨는 재미있는 사실입니다. 이 고체 음료는 물을 타서 잘 흔든 다음에 빨대를 꽂아 빨아 마시게 되어 있습니다.

## 찾아보기
# 어디에 어떤 내용이?